5年生

いろいろな生命のたん[illegible]

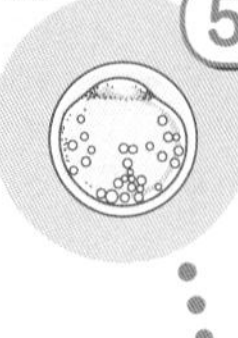

5〜10時間後
ふくらんだ
部分ができる。

3〜4日後
目がわかる
ようになる。

8〜10日後
メダカの
からだが
できる。

10〜12日後
たまごからかえる。

養分をたくわえている

メダカ

水温24〜25℃

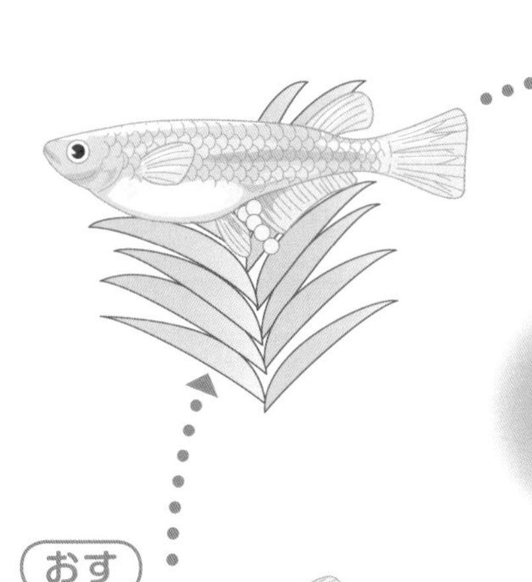

おす

めす

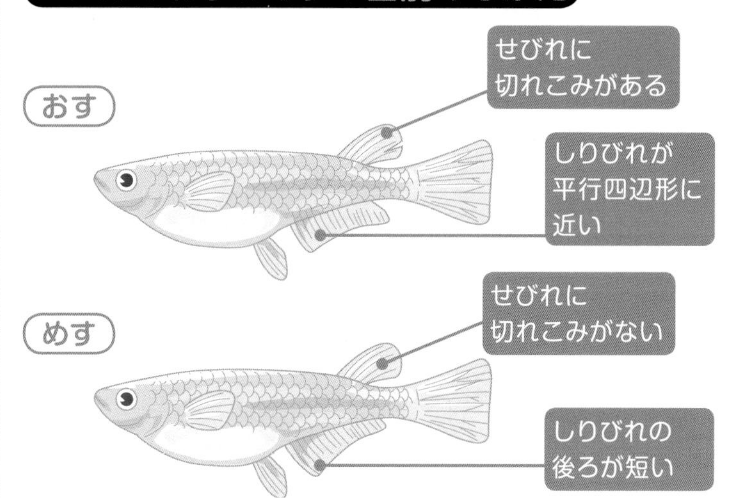

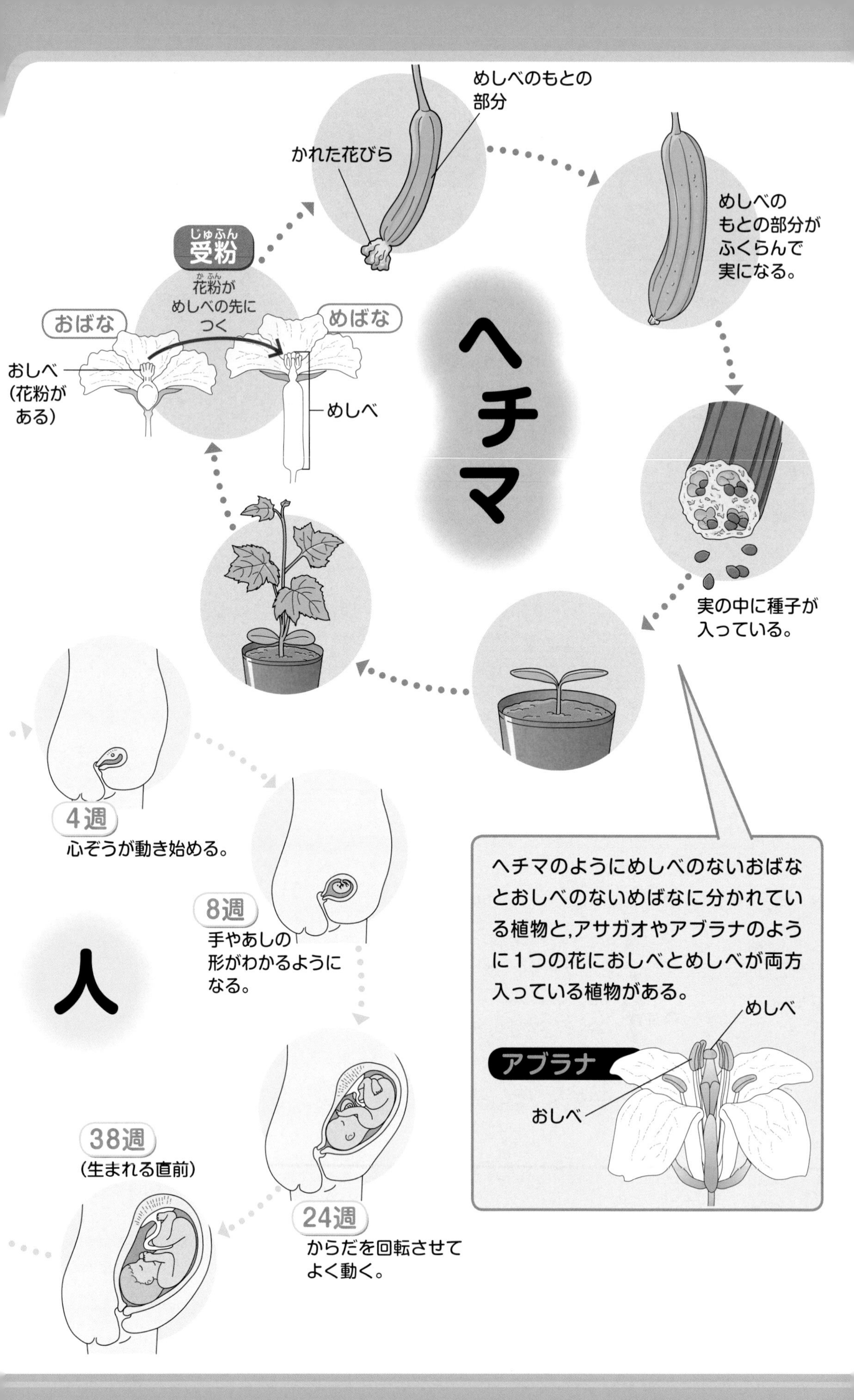
ヘチマ
めしべのもとの
部分
かれた花びら
めしべの
もとの部分が
ふくらんで
実になる。
受粉
花粉が
めしべの先に
つく
おばな
めばな
おしべ
(花粉が
ある)
めしべ
実の中に種子が
入っている。
人
4週
心ぞうが動き始める。
8週
手やあしの
形がわかるように
なる。
24週
からだを回転させて
よく動く。
38週
(生まれる直前)
ヘチマのようにめしべのないおばなとおしべのないめばなに分かれている植物と,アサガオやアブラナのように1つの花におしべとめしべが両方入っている植物がある。
アブラナ
めしべ
おしべ

このドリルの特長と使い方

このドリルは,「苦手をつくらない」ことを目的としたドリルです。単元ごとに「大事なことがらを理解するページ」と「問題を解くことをくりかえし練習するページ」をもうけて，段階的に問題の解き方を学ぶことができます。

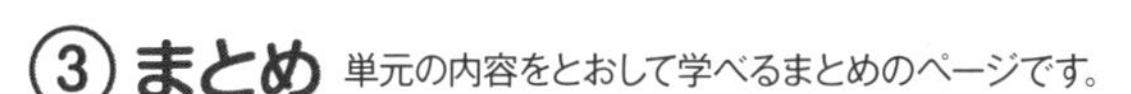

① 理解

大事なことがらを理解するページで，穴埋め形式で学習するようになっています。

覚えよう！　必ず覚える必要のあることがらや性質です。

考えよう　実験や現象などの説明です。

ことばのかくにん　大事な用語を載せています。

② 練習

「理解」で学習したことを身につけるために，問題を解くことでくりかえし練習するページです。「理解」で学習したことを思い出しながら問題を解いていきましょう。

少し難しい問題には ◇チャレンジ◇ がついています。

③ **まとめ** 単元の内容をとおして学べるまとめのページです。

もくじ

編集協力／下村良枝　校正／田中麻衣子・山崎真理　装丁デザイン／株式会社しろいろ
装丁イラスト／おおの麻里　本文・ポスターデザイン／ハイ制作室 大滝奈緒子　本文イラスト／西村博子・長谷川 盟・オフィスぴゅーま
写真協力／気象庁

5年生 達成表 理科名人への道！

ドリルが終わったら，番号のところに日付と点数をかいて，グラフをかこう。
80点を超えたら合格だ！

	日付	点数	50点 / 合格ライン 80点 / 100点	合格チェック
例	4/2	90		○
1				
2				
3				
4				
5				
6				
7				
8		全問正解で合格！		
9				
10				
11				
12				
13				
14				
15				
16				
17				
18		全問正解で合格！		
19				
20				
21				
22				
23				

	日付	点数	50点 / 合格ライン 80点 / 100点	合格チェック
24		全問正解で合格！		
25				
26				
27				
28				
29				
30				
31				
32				
33				
34				
35				
36		全問正解で合格！		
37				
38				
39				
40				
41				
42				
43				
44				
45				
46				
47				

この表がうまったら，合格の数をかぞえて右にかこう。

80～85個	りっぱな理科名人だ！
50～79個	もう少し！理科名人見習いレベルだ！
0～49個	がんばろう！一歩一歩，理科名人をめざしていこう！

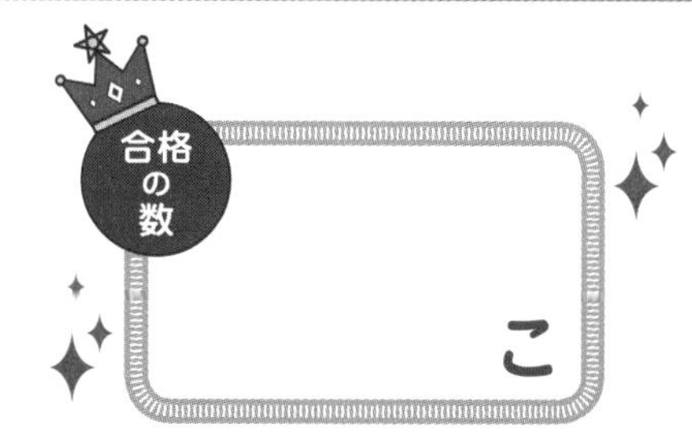

	日付	点数	50点　合格ライン80点　100点	合格チェック
48				
49				
50		全問正解で合格！		
51				
52				
53				
54				
55				
56				
57				
58				
59				
60		全問正解で合格！		
61				
62				
63				
64				
65				
66				
67				
68				
69				
70				
71				

	日付	点数	50点　合格ライン80点　100点	合格チェック
72				
73				
74		全問正解で合格！		
75				
76				
77				
78				
79				
80				
81				
82				
83				
84				
85				

天気の変化

雲のようす

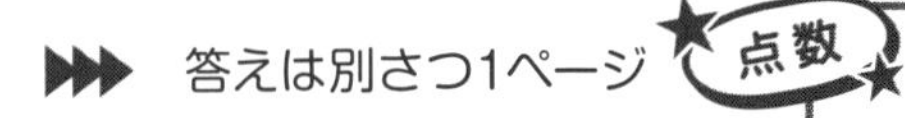

▶▶▶ 答えは別さつ1ページ

①～⑤：1問12点　⑥⑦：1問20点

覚えよう

雲のようすと天気について，まとめましょう。

・雲にはいろいろな色や形をしたものがあり，［①　　　］のようすが変わると天気が変わることがあります。←黒っぽい雲がふえると，雨がふることが多くなる。

［②　　　］ ↑雨雲（あまぐも）ともよばれる。	［④　　　］ ↑かみなり雲や入道雲（にゅうどうぐも）ともよばれる。
［③　　　］っぽい色で，空全体をおおい，雨をふらせる雲。 ↑長い時間，弱い雨がふる。	かみなりが鳴ったり，［⑤　　　］時間にたくさんの雨をふらせたりする雲。←夏によく見られる。

ことばのかくにん　「晴れ」か「くもり」か選びましょう。

・［⑥　　　］：空全体を10としたとき，雲の量が0～8の場合。

・［⑦　　　］：空全体を10としたとき，雲の量が9～10の場合。

天気の変化

雲のようす

▶▶▶ 答えは別さつ1ページ

点数　　点

1：1問10点　**2**：(1) 1問12点　(2) 1問12点　(3) 12点

1 **空全体を10としたとき，次の天気は晴れ・くもりのどちらになりますか。**

(1) 雲の量が３　(　　　　)　(2) 雲の量が５　(　　　　)

(3) 雲の量が７　(　　　　)　(4) 雲の量が９　(　　　　)

2 **午前10時と午後２時に，南の空の雲のようすを調べました。次の問いに答えましょう。**

> 午前10時　雲の量…６
> 雲の色や形…上の方がもこもことした，小さな白い雲がたくさん見られた。
> 動き…東の方へゆっくり動いていった。
> 午後２時　雲の量…10
> 雲の色や形…空全体が黒っぽい雲でおおわれていた。
> 動き…ほとんど動いていなかった。

(1) 午前10時と午後２時の天気は，晴れ・くもりのどちらですか。

午前10時(　　　　)　午後２時(　　　　)

(2) 午前10時と午後２時に見られたのは，どんな雲ですか。**ア**～**エ**から１つずつ選びましょう。

午前10時(　　)　午後２時(　　)

ア　けん雲　**イ**　積らん雲　**ウ**　らんそう雲　**エ**　高積雲(こうせきうん)

(3) このあと，すぐに雨がふり出したと考えられるのは，午前10時・午後２時のどちらですか。(　　　　)

天気の変化

天気の変化の予想

答えは別さつ1ページ

点数　　点

①～③：1問20点　④～⑦：1問10点

考えよう

下の雲画像を見て，雲の動きや天気の変化を考えましょう。

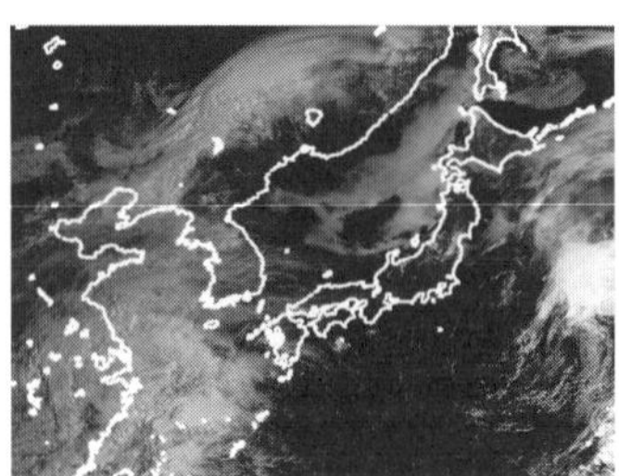

4月13日

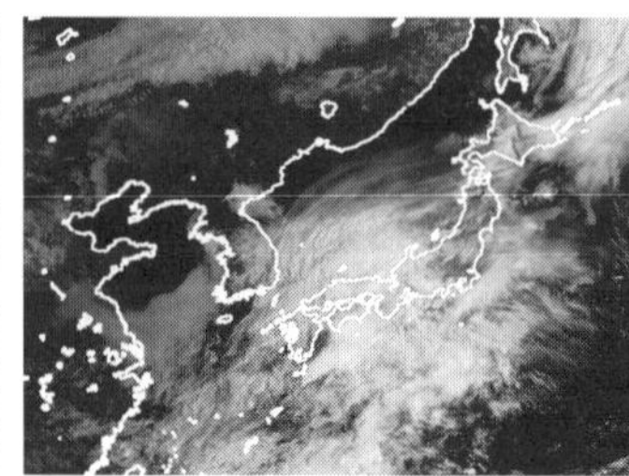

4月14日

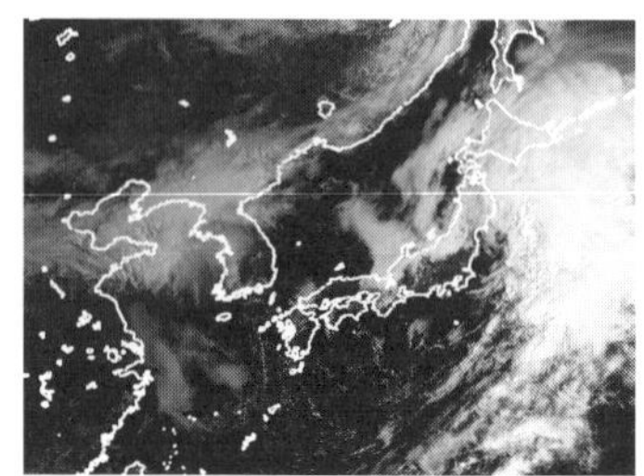

4月15日

天気の変化のきまり

大きな雲のかたまりの動きに注目。

・雲の動く向き…①［　　］から②［　　］へ動いていきます。

・天気の変化…③［　　］の方から変わっていきます。

雲の動きとともに変わる。

ことばのかくにん　天気に関係する次のことばをかきましょう。

・④［　　］：東・西・南・北の４つの方位に，南東，南西，北東，北西の４つを加えたもの。

・⑤［　　］：天気を予想したもの。

・⑥［　　］：広いはんいの雲のようすや動きを上空からとらえ，データを地上に送ります。

・⑦［　　］：各地の雨量〔降水量〕・風向・風速・気温などのデータを自動的に観測し，それをまとめるしくみ。

「ひまわり8号・9号」（気象庁ホームページより）

日本が気象観測をするために打ち上げた人工衛星。

天気の変化

天気の変化の予想

▶▶▶ 答えは別さつ1ページ

1：1問20点　2：1問20点

点数　　点

1 雲の動きと天気について，次の問いに答えましょう。

(1) 日本付近では，雲はどのような向きに動いていますか。**ア**～**エ**から選びましょう。　(　　)

ア　東から西へ動くことが多い。

イ　西から東へ動くことが多い。

ウ　南から北へ動くことが多い。

エ　北から南へ動くことが多い。

(2) 天気は，東・西・南・北のどの方位から変わることが多いですか。

(　　)

2 次の写真は，日本付近の雲のようすを表したものです。下の問いに答えましょう。

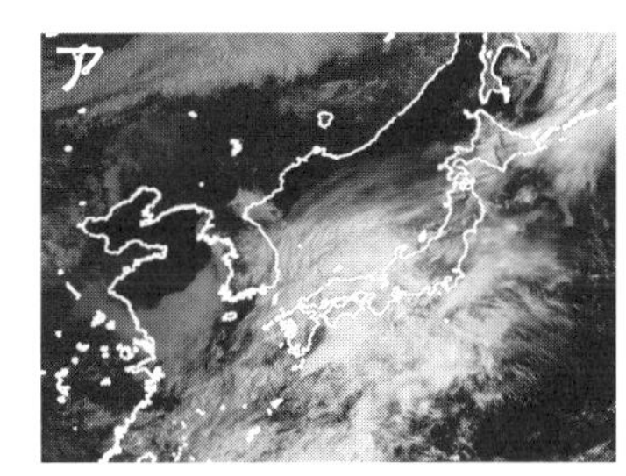

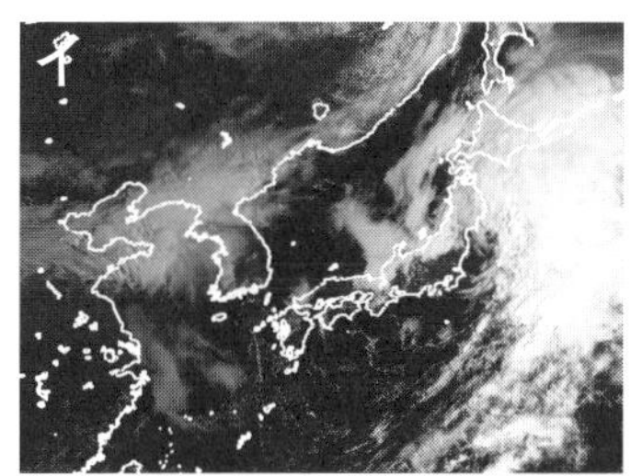

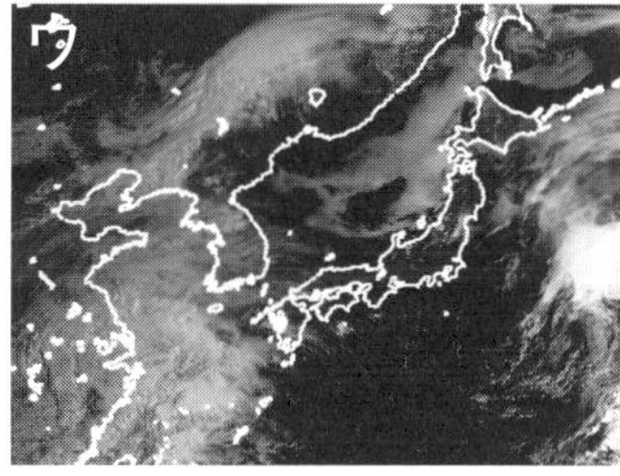

(1) 上のように，雲のようすを表した写真を何といいますか。

(　　　　)

(2) **ア**のときの大阪（おおさか）の天気は「晴れ」か「くもりか雨」のどちらだったと考えられますか。　(　　　　　　　　)

(3) 雲が動いていく順に，**ア**～**ウ**をならべましょう。

(　　→　　→　　)

天気の変化

天気の変化の予想

▶▶▶ 答えは別さつ1ページ

1：(1) 20点　(2) 1問20点　**2**：1問20点

1 **気象衛星の雲画像やアメダスの雨量情報〔アメダス降水量〕などの情報をもとに，天気予報が行われています。次の問いに答えましょう。**

(1) 雲画像は，何からの情報をもとにしてつくられますか。

（　　　　　）

(2) アメダスについて正しいものを，**ア**～**エ**から２つ選びましょう。

（　　）（　　）

ア　日本に４か所ある観測場所で，データを集めている。

イ　日本各地にある観測場所で，データを集めている。

ウ　雨量や風向，気温などのデータは自動的に計測される。

エ　雨量や風向，気温などのデータは気象予報士が計測する。

2 **右の写真は，４月13日，４月14日の雲画像です。次の問いに答えましょう。**

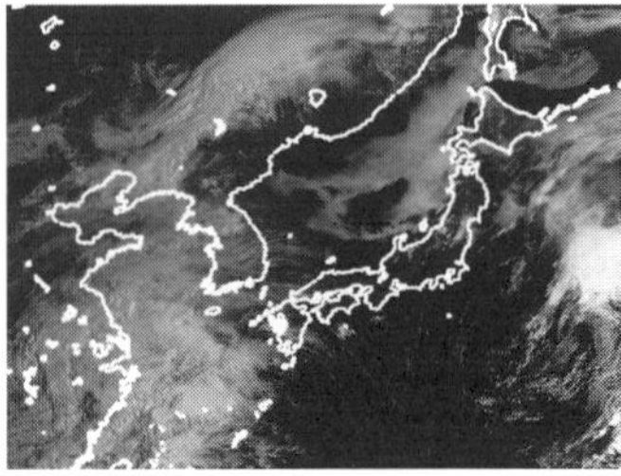
４月13日

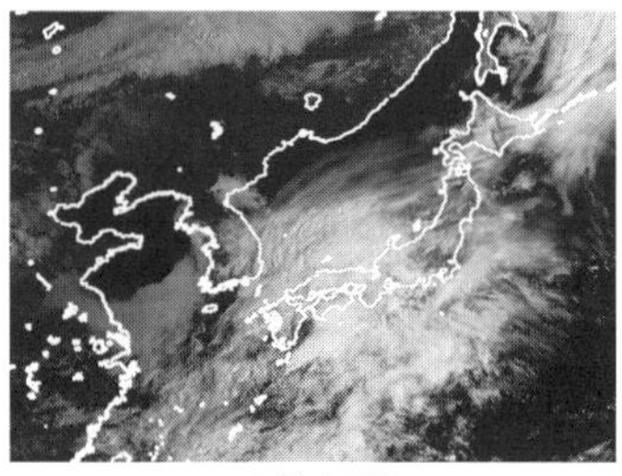
４月14日

(1) この２日間，東京はどのような天気でしたか。**ア**～**ウ**から選びましょう。

（　　）

ア　４月13日は晴れていたが，４月14日はくもりか雨だった。

イ　４月13日はくもりか雨だったが，４月14日は晴れていた。

ウ　４月13日も４月14日も，くもりか雨だった。

(2) 日本付近では，雲はどの方位からどの方位へ動いていますか。

（　　　から　　　）

6 天気の変化
天気の変化の予想

▶▶▶ 答えは別さつ2ページ

1：1問12点 **2**：1問20点 **3**：1問12点

点数 　　点

1 次の文は，天気のことわざです。（　）にあてはまる天気をかきましょう。

(1) 夕焼けの次の日は（　　　　）になる。

(2) 日がさ，月がさは（　　　　）になる。

日がさ

2 右の雲画像（くもがぞう）を見て，次の問いに答えましょう。

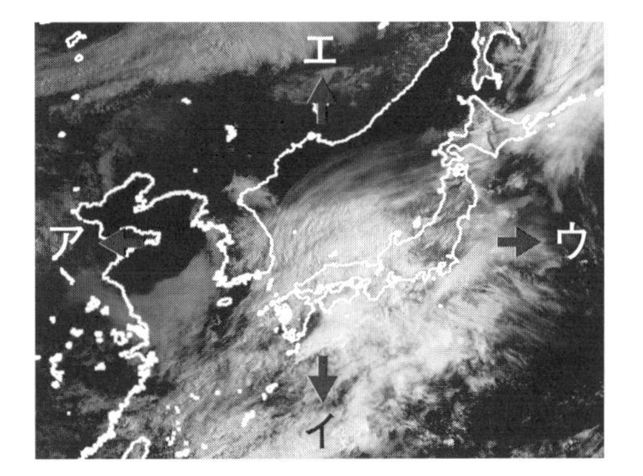

(1) この日の名古屋（なごや）の天気は，「晴れ」か「くもりか雨」のどちらだったと考えられますか。

（　　　　　　）

(2) 日本付近にある大きな雲のかたまりは，このあと，雲画像のア～エのどの向きに動いていくと考えられますか。（　　）

◇チャレンジ◇

3 大雨による災害（さいがい）について，次の問いに答えましょう。

(1) 同じ場所に数時間にわたって大量の雨がふることを何といいますか。（　　　　　　）

(2) (1)の原因（げんいん）となる雲の名前をかきましょう。（　　　　　　）

(3) (1)によって引き起こされる災害は，ア～ウのどれですか。（　　）

ア　地われ　　イ　こう水（ずい）　　ウ　強風

7 天気の変化のまとめ

答えは別さつ2ページ

1：1問20点　**2**：1問20点

1 春のある日，雲のようすを観察したところ，次のようなことがわかりました。下の問いに答えましょう。

・空全体を10としたとき，雲の量は4ぐらいだった。
・東の方にはあまり雲がなかったが，西の方には黒っぽい雲が見られた。

(1) このときの天気は，晴れ・くもりのどちらですか。

（　　　）

(2) 西の方に見られた黒っぽい雲は，**ア**～**エ**のどれだったと考えられますか。（　　）

ア けん雲　**イ** けん積雲（せきうん）　**ウ** 高積雲（こうせきうん）　**エ** らんそう雲

(3) この後，天気はどのように変わりますか。**ア**～**ウ**から選びましょう。（　　）

ア 天気はだんだんよくなる。　**イ** 天気はだんだん悪くなる。
ウ このまま変わらない。

2 「夕焼けの次の日は晴れ」ということわざがあります。次の問いに答えましょう。

(1) 夕焼けが見られるのは，東・西・南・北のどの方位の空ですか。

（　　）

◇チャレンジ◇

(2) 夕焼けが見られる空には雲がほとんどありません。夕焼けが見られた次の日が晴れるのは，なぜですか。

（　　　　　　　　　　　　　　）

8 天気の変化のまとめ
お天気○×クイズ

▶▶▶答えは別さつ2ページ

次の文が正しいときは○，まちがっているときは×の方へ進みましょう。どの天気に行きつくかな？

スタート

空全体を10としたとき，雲の量が7の天気は晴れ。（○／×）

山にかさがかかると，雨。（○／×）

雲の動く向きは，西から東。（○／×）

雨雲（あまぐも）が広がるとすぐ雨。（○／×）

天気は西から変わる。（○／×）

夕焼けの次の日は晴れ。（○／×）

勉強した日　　月　　日

植物の発芽と成長
発芽の条件

理解

▶▶▶ 答えは別さつ2ページ

①：9点　②〜⑭：1問7点

考えよう

だっし綿を入れた容器にインゲンマメの種子をまきました。これを使って，発芽の条件を調べる方法を考えましょう。

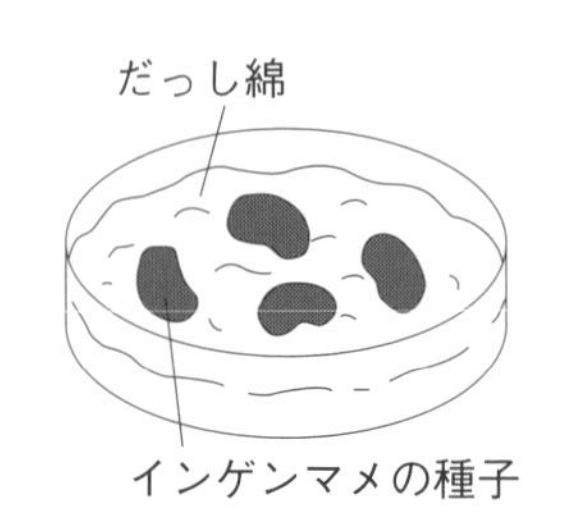

・１つの条件について調べるときは，調べる条件以外の条件は ① ＿＿＿ にします。

●水と発芽

変える条件		同じにする条件	結果
水	あたえる。	② ＿＿＿ ← 両方とも，あたたかい場所に置く。	発芽 ④ ＿＿＿ 。
	あたえない。	③ ＿＿＿ ← 水，温度，空気のうちの１つ。	発芽 ⑤ ＿＿＿ 。

「する」「しない」で答える。

●温度と発芽

変える条件		同じにする条件	結果
温度	冷ぞう庫に入れる。	⑦ ＿＿＿ ← 空気にふれるぐらいの量にする。	発芽 ⑨ ＿＿＿ 。
	⑥ ＿＿＿ ところに置く。	⑧ ＿＿＿ ← 水，温度，空気のうちの１つ。	発芽 ⑩ ＿＿＿ 。

明るさを同じにするため。

●空気と発芽

変える条件		同じにする条件	結果
空気	種子を水の中にしずめる。	⑪ ＿＿＿ ← 両方とも，あたたかい場所に置く。	発芽 ⑬ ＿＿＿ 。
	空気にふれるぐらいの水。	⑫ ＿＿＿ ← 水，温度，空気のうちの１つ。	発芽 ⑭ ＿＿＿ 。

植物の発芽と成長
発芽の条件

答えは別さつ2ページ

1：1問10点　**2**：(1) 14点　(2) 14点　(3) 1問14点

1 右の図のような容器(ようき)に，インゲンマメの種子をまくと，水をふくんだだっし綿(めん)の方だけ，種子から芽が出てきました。次の問いに答えましょう。

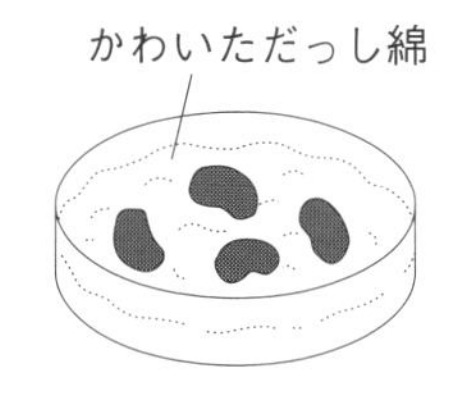

(1) 種子が芽を出すことを何といいますか。　(　　　　)

(2) この実験で同じにする条件(じょうけん)は，水・空気・温度のどれですか。すべて答えましょう。　(　　　　)

(3) この実験から，種子が芽を出すためには，何が必要なことがわかりますか。　(　　)

2 右の図のように水を入れた容器に，インゲンマメの種子をまきました。次の問いに答えましょう。

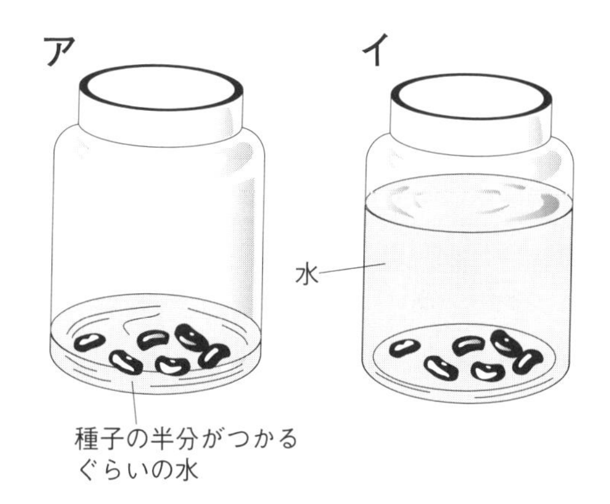

(1) この実験で，種子から芽が出るのは，ア・イのどちらですか。　(　　)

(2) この実験は，発芽(はつが)と何の関係を調べるために行われたものですか。　(　　　　)

(3) 発芽に必要な条件を３つあげましょう。

(　　　　)(　　　　)(　　　　)

勉強した日　　月　　日

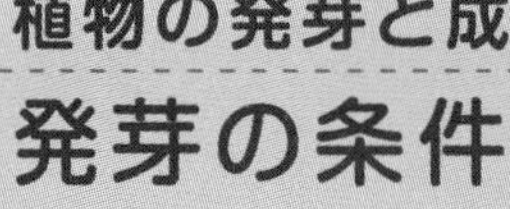

11 植物の発芽と成長

発芽の条件

練習

▶▶▶ 答えは別さつ3ページ

1：1問20点　**2**：1問15点

点数　　　点

1 右の図のような条件(じょうけん)で，インゲンマメの種子の発芽(はつが)のようすを観察しました。次の問いに答えましょう。

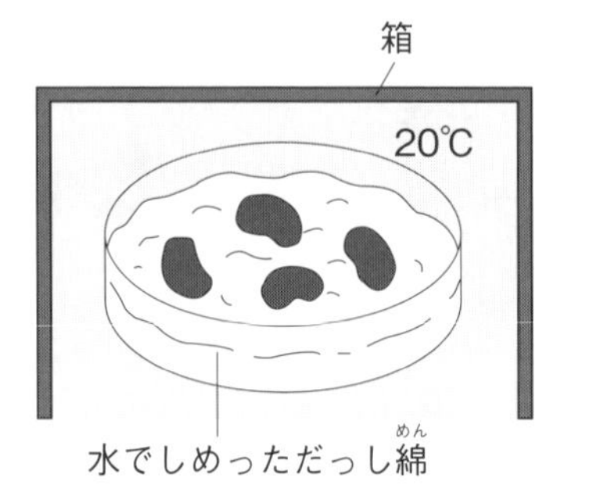

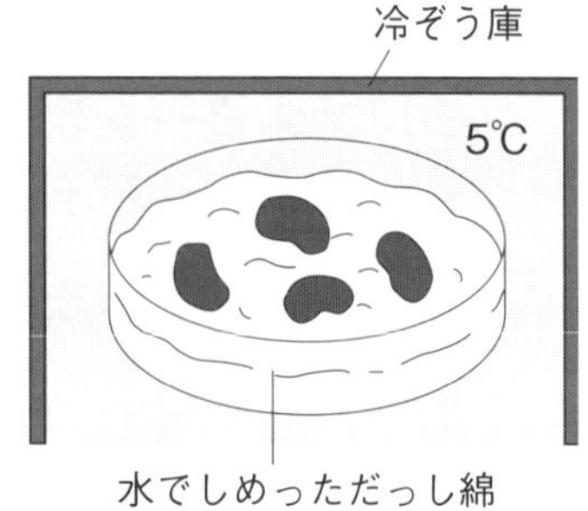

(1) この実験で同じにする条件を，**ア**～**エ**からすべて選びましょう。
（　　　　　）

ア 水　　**イ** 空気　　**ウ** 温度　　**エ** 明るさ

(2) しばらくすると，箱をかぶせたインゲンマメの種子は発芽しましたが，冷ぞう庫に入れたインゲンマメの種子は発芽しませんでした。この実験から，発芽にはどのような条件が必要なことがわかりますか。
（　　　　　）

2 次のような条件で，インゲンマメの種子が発芽するものには○，発芽しないものには×をかきましょう。

① （　　）かわいただっし綿に種子をまき，あたたかい場所に置く。

② （　　）しめらせただっし綿に種子をまき，あたたかい場所に置く。

③ （　　）種子を水の中にしずめて，あたたかい場所に置く。

④ （　　）しめらせただっし綿に種子をまき，冷ぞう庫に入れる。

植物の発芽と成長

発芽の条件

練習

▶▶▶ 答えは別さつ3ページ

1：1問20点　**2**：(1) 1問10点　(2) 10点　(3) 10点

点数　点

1 (1)〜(3)の条件(じょうけん)が発芽(はつが)に必要かどうか調べるとき，同じにする条件をア〜ウからすべて選びましょう。

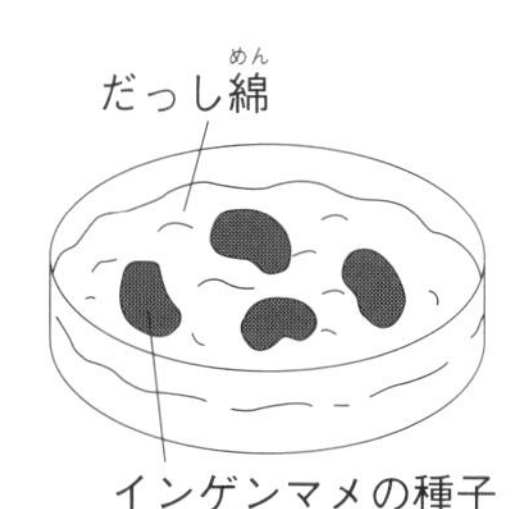

(1) 水　(　　　　)

(2) 空気　(　　　　)

(3) 適当(てきとう)な温度　(　　　　)

ア　空気にふれるようにする。
イ　水をあたえる。
ウ　あたたかいところに置く。

◆チャレンジ◆

2 教室の中で，ア〜エのように条件を変えて，インゲンマメの種子の発芽のようすを観察しました。次の問いに答えましょう。

ア
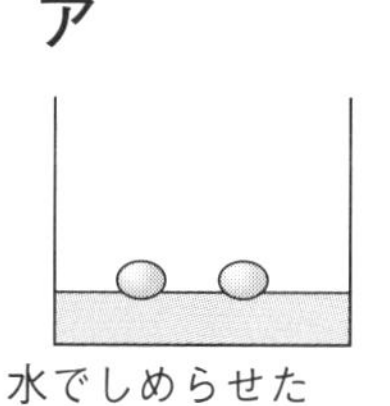
水でしめらせただっし綿の上に置く

イ
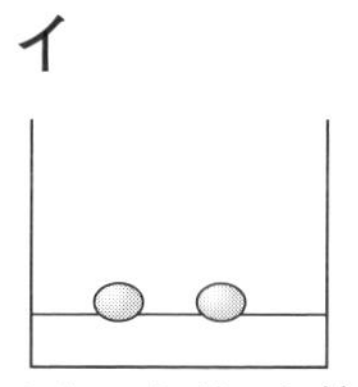
かわいただっし綿の上に置く

ウ
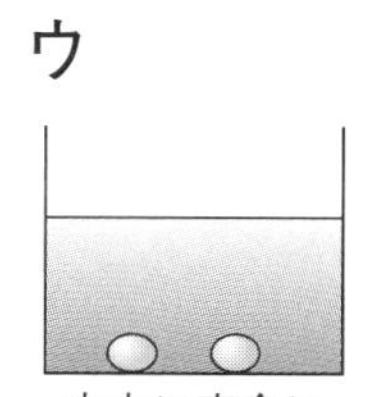
水中に完全にしずめる

エ
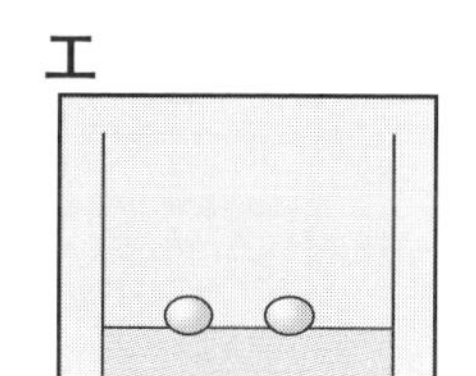
水でしめらせただっし綿の上に置き，箱をかぶせる

(1) 種子が発芽するものを，ア〜エから2つ選びましょう。
(　　　)(　　　)

(2) 水と発芽の関係を調べるときは，ア〜エのどれとどれを比(くら)べますか。
(　　と　　)

(3) 空気と発芽の関係を調べるときは，ア〜エのどれとどれを比べますか。
(　　と　　)

勉強した日  月 日

植物の発芽と成長

種子の発芽と養分

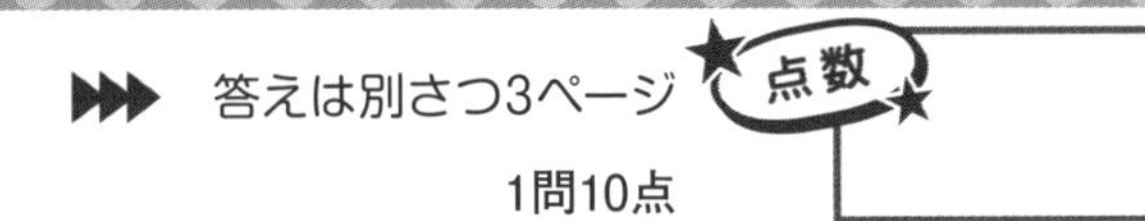

▶▶▶ 答えは別さつ3ページ

1問10点　　点

種子の発芽(はつが)に必要な養分がふくまれているか考えましょう。

	方法	結果
発芽前の種子	でんぷんがあるか調べるときに使う。↓ ①［　　　　］ 横に切ったインゲンマメの種子	切り口が青むらさき色に ②［　　　　］。←青むらさき色になれば，でんぷんがある。 ↓ でんぷんが③［　　　　］。
発芽後の種子	しぼんでいる 子葉を横に切り ④［　　　　］ をつける。	切り口が青むらさき色に ⑤［　　　　］。←青むらさき色になれば，でんぷんがある。 ↓ でんぷんが⑥［　　　　］。

・種子の中にふくまれる⑦［　　　　］は，
発芽するときの養分として使われます。

葉やくきや根になる部分

でんぷんがふくまれる。→ ⑧［　　　　］

ことばのかくにん 上の実験に関係することばをかきましょう。……

・⑨［　　　　］：でんぷんがふくまれているかどうか調べるときに使われます。でんぷんがあると，青むらさき色になります。

・⑩［　　　　］：種子の中で，でんぷんがふくまれている部分。ふくまれるでんぷんは，発芽するときの養分になります。

植物の発芽と成長

種子の発芽と養分

▶▶▶ 答えは別さつ3ページ

1：(1) 1問20点　(2) 20点　**2**：1問10点

1 次のア，イをヨウ素液(そえき)にひたしました。下の問いに答えましょう。

> **ア**　インゲンマメの種子を横に切ったもの。
> **イ**　インゲンマメのなえについていた子葉(しよう)を横に切ったもの。

(1) **ア**，**イ**の切り口にはどのような変化が見られますか。

ア（　　　　　　　　　　　　　　　　　　）

イ（　　　　　　　　　　　　　　　　　　）

(2) でんぷんがあるのは，**ア**・**イ**のどちらですか。（　　　）

2 インゲンマメの種子のつくりについて，次の問いに答えましょう。

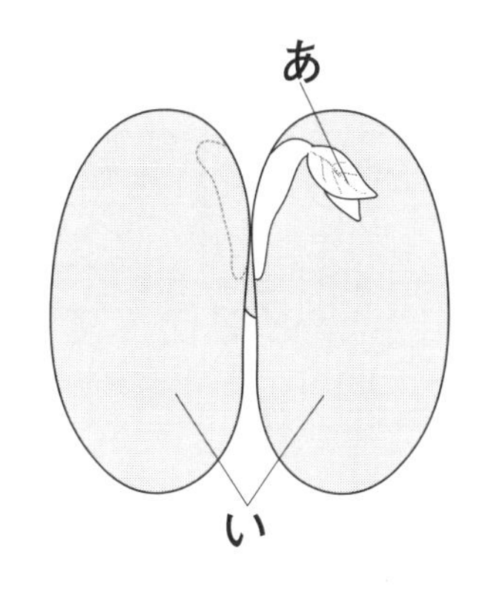

(1) 葉やくきや根になる部分は，**あ**・**い**のどちらですか。（　　　）

(2) **い**の部分を何といいますか。

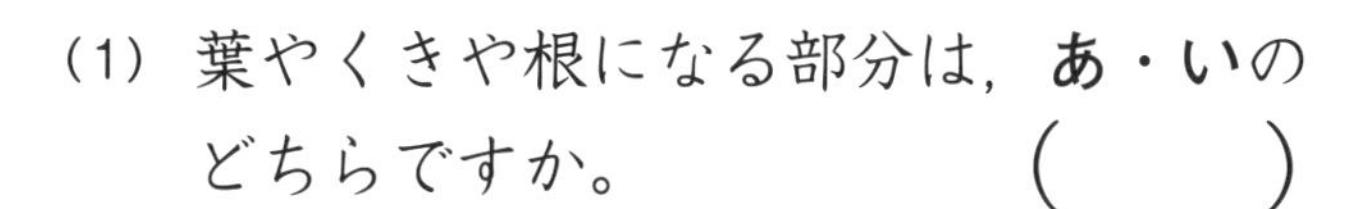

（　　　　　）

(3) でんぷんがふくまれているのは，**あ**・**い**のどちらですか。

（　　　）

(4) (3)の部分にふくまれているでんぷんは，何に使われますか。**ア**～**ウ**から選びましょう。（　　　）

ア　種子が発芽する前の養分として使われる。

イ　種子が発芽するときの養分として使われる。

ウ　しばらくの間，なえの成長に使われる。

植物の発芽と成長

植物の成長と養分

▶▶▶ 答えは別さつ3ページ

点数　　点

1問10点

発芽後のインゲンマメのなえの成長に必要な条件を考えましょう。

・肥料と植物の成長の関係を調べるため，肥料を ① ［　　　］ バーミキュライトとよばれる土を使います。← 土に肥料がふくまれていると，実験の結果がわからない。

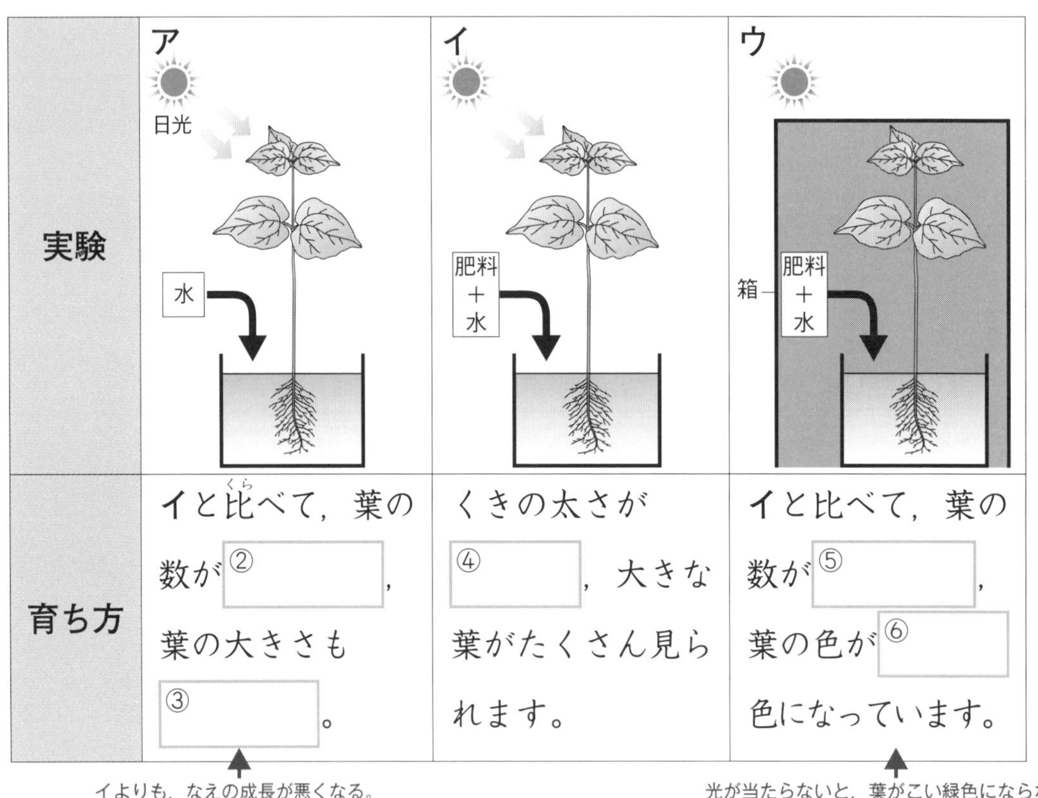

	ア	イ	ウ
実験	（日光，水）	（日光，肥料＋水）	（箱，肥料＋水）
育ち方	イと比べて，葉の数が ② ［　　］，葉の大きさも ③ ［　　］。	くきの太さが ④ ［　　］，大きな葉がたくさん見られます。	イと比べて，葉の数が ⑤ ［　　］，葉の色が ⑥ ［　　］ 色になっています。

↑ イよりも，なえの成長が悪くなる。　　↑ 光が当たらないと，葉がこい緑色にならない。

・アとイ ➡ 植物がよく成長するには ⑦ ［　　　］ が必要です。

・イとウ ➡ 植物がよく成長するには ⑧ ［　　　］ が必要です。

・植物の成長には，⑨ ［　　　］，⑩ ［　　　］，適当な温度も必要です。

↑ 発芽に必要な３つの条件。

植物の発芽と成長

植物の成長と養分

答えは別さつ3ページ

1：1問10点　2：1問15点

1 植物の成長について，正しいものには○，正しいとはいえないものには×をかきましょう。

① (　　) 植物の成長には，水が必要である。

② (　　) おおいをしてなえを育てると，葉が黄色くなり，やがてかれてしまう。

③ (　　) 肥料（ひりょう）をあたえないでなえを育てると，肥料をあたえたなえに比（くら）べ，葉の数が少なく，くきも細くなる。

④ (　　) おおいをして１週間育てたなえのおおいをとって，日光をよく当てても，なえは成長しない。

2 次のア～ウのようにして，インゲンマメのなえを育てました。下の問いに答えましょう。

ア　なえに肥料を入れた水をあたえ，日なたに置く。
イ　なえに水をあたえ，日なたに置く。
ウ　なえに肥料を入れた水をあたえ，おおいをする。

(1) いちばんよく育つのは，**ア～ウ**のどれですか。　(　　)

(2) １週間ぐらいすると，葉が黄色くなるのは，**ア～ウ**のどれですか。　(　　)

(3) 植物がよく成長するには日光が必要なことは，**ア～ウ**のどれとどれを比べればわかりますか。　(　　と　　)

(4) 植物がよく成長するには肥料が必要なことは，**ア～ウ**のどれとどれを比べればわかりますか。　(　　と　　)

勉強した日　　月　　日

17 植物の発芽と成長のまとめ

▶▶▶ 答えは別さつ4ページ

1：(1) 1問12点　(2) 1問12点　**2**：1問10点

1 植物の発芽(はつが)や成長に必要な条件(じょうけん)を調べました。下の問いに答えましょう。

ア	水	イ	日光	ウ	空気	エ	肥料(ひりょう)
オ	適当(てきとう)な温度			カ	風		

(1) 発芽に必要な条件を，**ア**～**カ**から３つ選びましょう。

(　　)(　　)(　　)

(2) 植物がよく成長するには，発芽に必要な条件以外に２つの条件が必要です。それは，**ア**～**カ**のどれですか。　(　　)(　　)

2 インゲンマメの種子は，右の図のようなつくりをしています。次の問いに答えましょう。

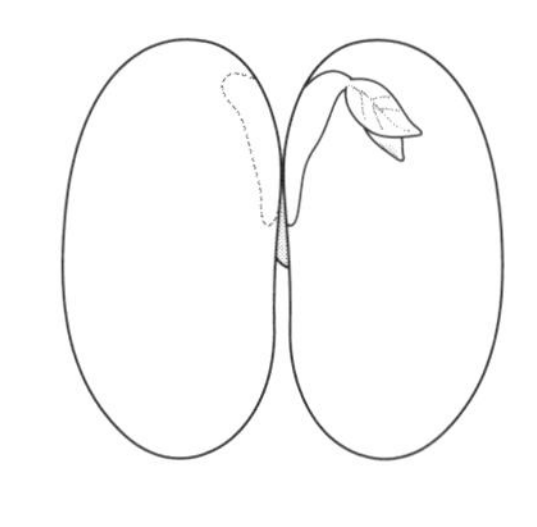

(1) でんぷんがあるかどうかを調べるときに使う薬品は，何ですか。

(　　　　　)

(2) (1)の薬品は，でんぷんがあると何色になりますか。

(3) インゲンマメの種子で，でんぷんがある部分を何といいますか。

◇チャレンジ◇

(4) 上の図で，でんぷんがあるところに色をぬりましょう。

勉強した日  月  日

植物の発芽と成長のまとめ
ジグソーパズル

答えは別さつ4ページ

発芽(はつが)と成長に必要なものに色をぬりましょう。
どんな絵が出てくるかな？

発芽に必要なもの

成長に必要なもの

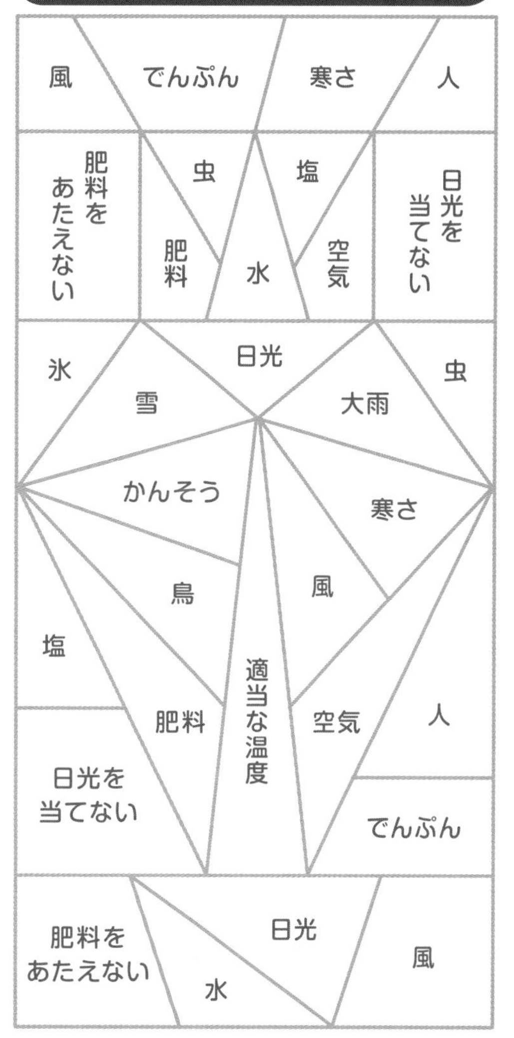

魚のたんじょう
メダカの飼い方

▶▶▶ 答えは別さつ4ページ

①〜⑤：1問12点　⑥〜⑨：1問10点

覚えよう！

メダカを飼（か）って，たまごをうませる方法をまとめましょう。

・水そうは，日光が直接（ちょくせつ） ① ［　　　　］，明るい場所に置きます。

（日光が直接水そうに当たると，水の温度が上がる。）

水草

小石

・よくあらった小石やすなをしき，② ［　　　　］ の水を入れ，水草を植えます。（水道の水には，メダカのからだによくないものが入っている。）

・メダカがたまごをうむように，③ ［　　　　］ 水そうにめすとおすを入れます。

・水がよごれたら，④ ［　　　　］ ぐらいの量の水を，⑤ ［　　　　］ の水と入れかえます。（急にかんきょうが変わると，メダカが弱ってしまう。）

メダカのめすとおすの見分け方を覚えましょう。

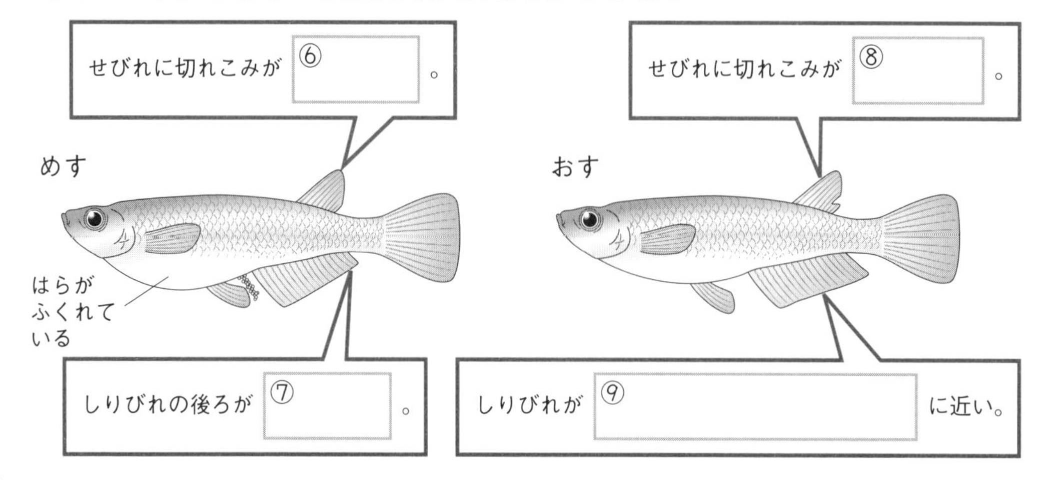

せびれに切れこみが ⑥ ［　　　　］。
めす
はらがふくれている
しりびれの後ろが ⑦ ［　　　　］。
せびれに切れこみが ⑧ ［　　　　］。
おす
しりびれが ⑨ ［　　　　］ に近い。

魚のたんじょう

メダカの飼い方

練習

答えは別さつ4ページ

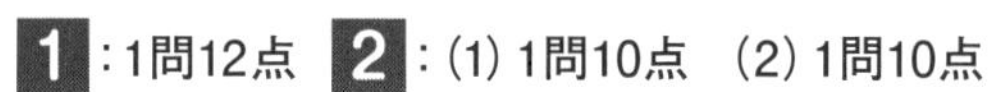

1：1問12点　2：(1) 1問10点　(2) 1問10点

1 **メダカの飼(か)い方として正しいものには○，正しいとはいえないものには×をかきましょう。**

① (　　　)水そうは，日光が直接(ちょくせつ)当たらない，暗い場所に置く。

② (　　　)えさは，食べ残さないぐらいの量を，毎日１～３回あたえる。

③ (　　　)水そうにはめすだけを入れる。

④ (　　　)そうじしやすいように，水そうの底には何も入れないようにする。

⑤ (　　　)水がよごれたら，水をすべてくみ置きの水と入れかえる。

2 **次の図は，メダカのせびれとしりびれのようすを表したものです。下の問いに答えましょう。**

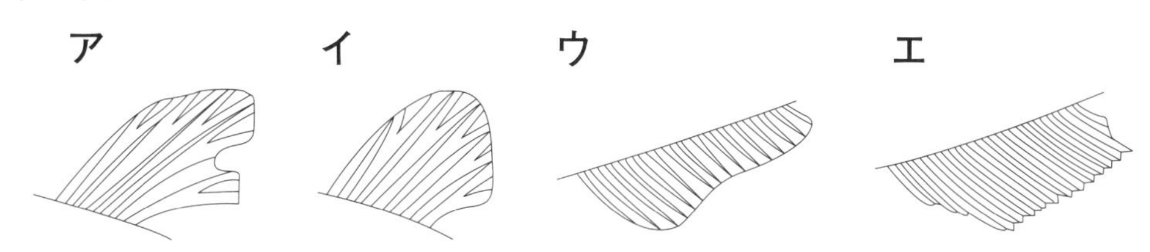

(1) メダカのめすとおすのせびれを，**ア**～**エ**から１つずつ選びましょう。

めす(　　　)　おす(　　　)

(2) メダカのめすとおすのしりびれを，**ア**～**エ**から１つずつ選びましょう。

めす(　　　)　おす(　　　)

魚のたんじょう

メダカのたまごの育ち方

▶▶▶ 答えは別さつ4ページ

①〜⑦：1問10点　⑧⑨：1問15点

覚えよう！

そう眼実体けんび鏡の使い方を覚えましょう。

❶日光が直接 ① ，水平で明るい場所に置き，見る物をステージにのせます。← 強い光が目に入り，目をいためてしまうことがある。

❷接眼レンズのはばを ② のはばに合わせて，両目で見たときに見えるはんいが重なるように調節します。

❸ ③ でのぞきながら調節ねじを回して，ピントを合わせます。

⑤

⑥

つつ

視度調節リング

調節ねじ

ステージ（のせ台）

クリップ（とめ金）

❹両目で見て見えにくかったら， ④ でのぞきながら視度調節リングを回して，はっきり見えるように調節します。

メダカのたまごの育ち方を理解しましょう。

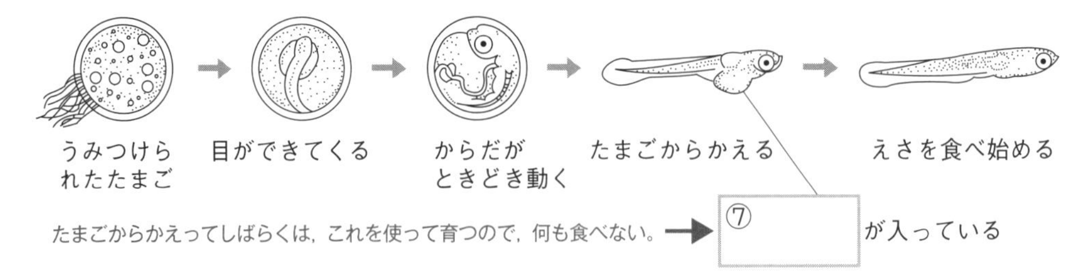

たまごからかえってしばらくは，これを使って育つので，何も食べない。→ ⑦ が入っている

ことばのかくにん たまごに関係する次のことばをかきましょう。

・ ⑧ ：たまごと精子が結びつくこと。

・ ⑨ ：受精したたまご。

魚のたんじょう
メダカのたまごの育ち方

▶▶▶ 答えは別さつ5ページ

1：(1) 1問14点　(2) 14点　**2**：(1) 10点　(2) 1問10点

1 右のそう眼(がん)実体けんび鏡について，次の問いに答えましょう。

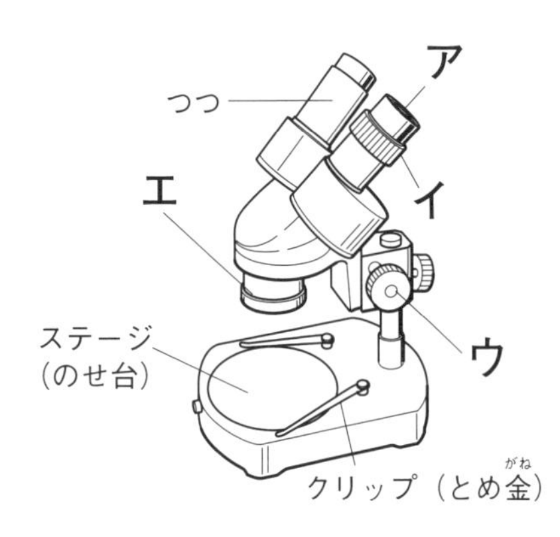

(1) 右の**ア**～**エ**の名前をかきましょう。

ア（　　　　　　　　）

イ（　　　　　　　　）

ウ（　　　　　　　　）

エ（　　　　　　　　）

(2) そう眼実体けんび鏡は，物を何倍ぐらいにかく大することができますか。次の**ア**～**ウ**から選びましょう。（　　）

ア　5～10倍　　**イ**　20～40倍　　**ウ**　40～600倍

2 メダカのたまごの育ち方について，次の問いに答えましょう。

(1) たまごが育つ順に，**ア**～**ウ**をならべましょう。

ア

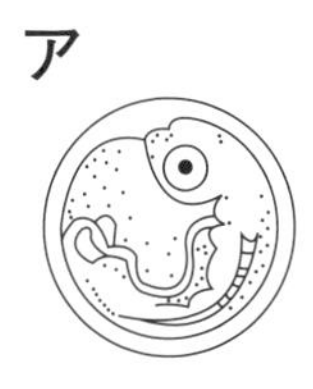

イ

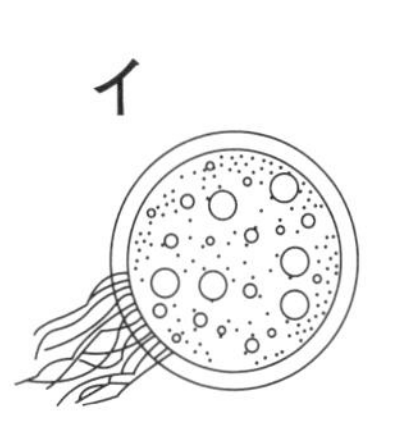

ウ

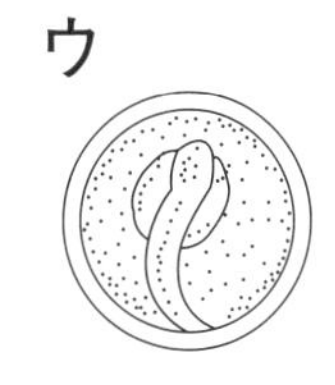

(2) 右の図は，かえったばかりの子メダカです。この子メダカについて説明した次の文の（　）にあてはまることばをかきましょう。

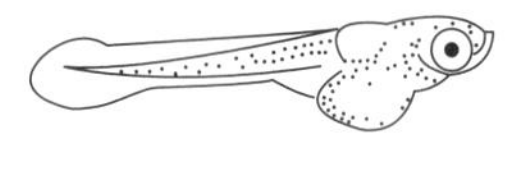

かえったばかりの子メダカのはらには，（①　　　　）の入ったふくろがあり，２～３日は食べ物を（②　　　　）。

23 魚のたんじょうのまとめ

▶▶▶ 答えは別さつ5ページ

点

1：(1) 1問10点　(2) 10点　**2**：(1) 14点　(2) 1問14点　(3) 14点

1 **メダカのめすとおすを見分けます。次の問いに答えましょう。**

(1) メダカのめすとおすを見分ける手がかりとなる２つのひれに，色をぬりましょう。

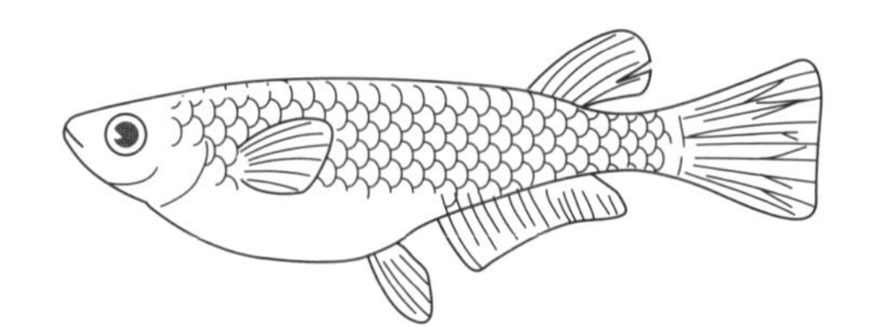

(2) 右の図のメダカは，めす，おすのどちらですか。

(　　　　)

2 **そう眼(がん)実体けんび鏡を使って，メダカのたまごを観察します。次の問いに答えましょう。**

(1) そう眼実体けんび鏡はどのようなところに置きますか。

(　　　　　　　　　　　　　　　　)

(2) メダカのたまごの育ちについて，正しいものには○，正しいとはいえないものには×をかきましょう。

① (　　　)受精(じゅせい)しないと，たまごは育たない。

② (　　　)たまごはだんだん大きくなる。

③ (　　　)たまごの中で，メダカのからだができていく。

◇チャレンジ◇

(3) かえったばかりの子メダカは，２～３日はえさを食べません。その理由をかんたんに答えましょう。

(　　　　　　　　　　　　　　　　　　　　　　)

勉強した日  月  日

魚のたんじょうのまとめ

メダカの育ち暗号ゲーム

▶▶▶答えは別さつ5ページ

メダカのたまごが育つ順にならべましょう。くっついているひらがなをならべると，どんなことばが出てくるかな？

関係ない絵もあるから注意！

う　ま　せ　め　よ　ち　だ　い

答え

メダカの □□□□□

花から実へ
花のつくり

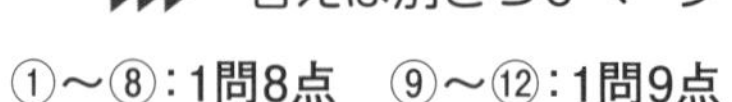

①～⑧：1問8点　⑨～⑫：1問9点

覚えよう

ヘチマの花のつくりを覚えましょう。

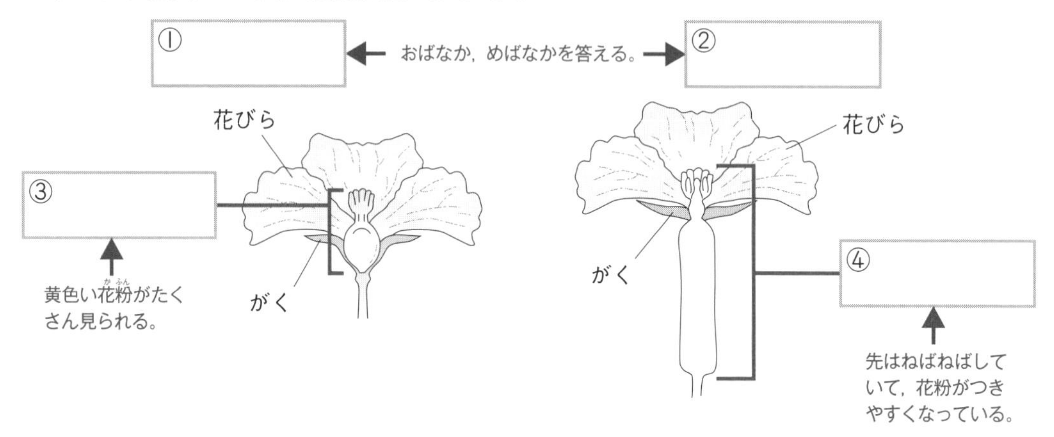

①
おばなか，めばなかを答える。
②
花びら
③
黄色い花粉がたくさん見られる。
がく
花びら
がく
④
先はねばねばしていて，花粉がつきやすくなっている。

考えよう

下のアサガオの花のつくりを見て，ヘチマの花のつくりと比べましょう。

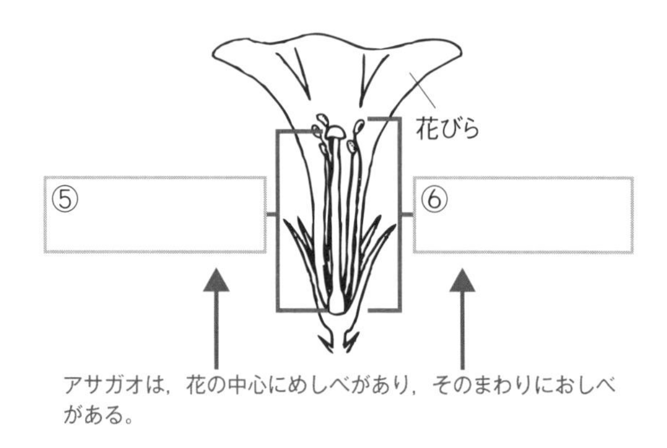

アサガオは，花の中心にめしべがあり，そのまわりにおしべがある。

・⑦［　　　］は，1つの花の中におしべとめしべがあります。

・⑧［　　　］には，めしべのあるめばなと，おしべのあるおばなが見られます。

ことばのかくにん　花に関係することばをかきましょう。

・⑨［　　　］：おしべがなく，めしべがある花。

・⑩［　　　］：めしべがなく，おしべがある花。

・⑪［　　　］：おしべの先から出る粉のようなもの。

・⑫［　　　］：花粉がめしべの先につくこと。

花から実へ 花のつくり

▶▶▶ 答えは別さつ5ページ

1：(1) 1問10点　(2) 1問10点　(3) 10点　(4) 10点　**2**：(1) 1問10点　(2) 10点　(3) 10点

1 **図は，ヘチマの２つの花のつくりを表したものです。次の問いに答えましょう。**

(1) **ア**，**イ**の花の名前をかきましょう。

ア(　　　　)
イ(　　　　)

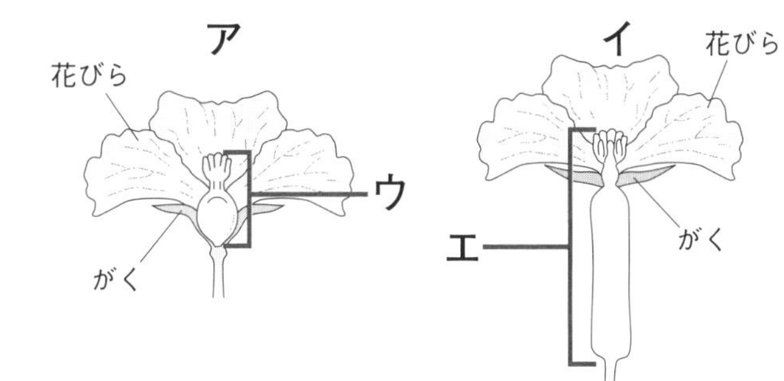

(2) **ウ**，**エ**の部分を何といいますか。

ウ(　　　　)　**エ**(　　　　)

(3) 先がねばねばしているのは，**ウ**，**エ**のどちらですか。(　　　)

(4) 成長して実になるのは，**ウ**，**エ**のどちらですか。(　　　)

2 **右の図は，アサガオの花のつくりを表したものです。次の問いに答えましょう。**

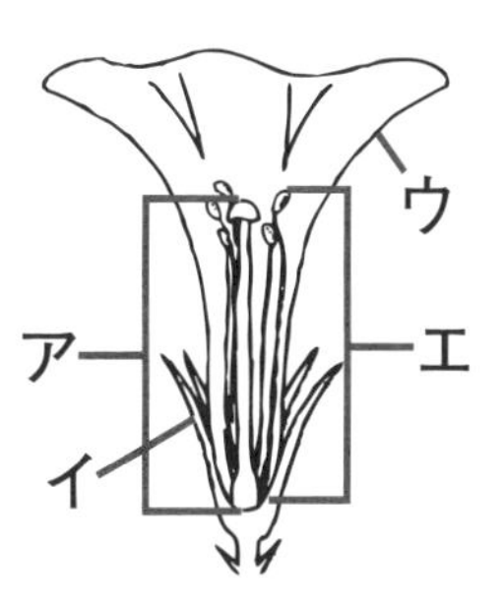

(1) めしべとおしべを，**ア**～**エ**から１つずつ選びましょう。

めしべ(　　　)　おしべ(　　　)

(2) おしべの先から出る粉（こな）のようなものを，何といいますか。

(　　　　)

(3) (2)がめしべの先につくことを，何といいますか。(　　　　)

花から実へ

けんび鏡の使い方①

答えは別さつ6ページ

①～④：1問9点　⑤～⑫：1問8点

覚えよう

けんび鏡の使い方を整理しましょう。

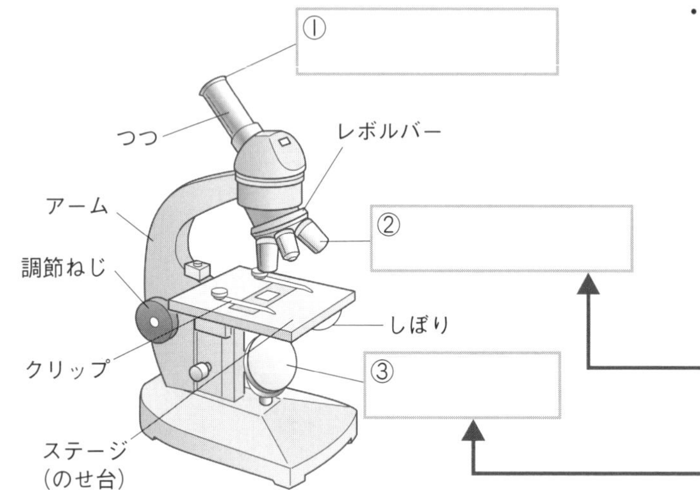

・目をいためることがあるので，日光が直接 ④＿＿＿＿，明るいところで使います。

レボルバーを動かして，倍率のちがうレンズととりかえることができる。（→②）

この部分を動かして，全体が明るく見えるようにする。（→③）

そう作の手順

❶ 倍率がいちばん ⑤＿＿＿＿ 対物レンズにして，⑥＿＿＿＿ をのぞきながら ⑦＿＿＿＿ を動かして，全体が明るく見えるようにします。

❷ ステージに ⑧＿＿＿＿ を置き，⑨＿＿＿＿ から見ながら ⑩＿＿＿＿ を回し，対物レンズとプレパラートをできるだけ ⑪＿＿＿＿ ます。

❸ 接眼レンズをのぞきながら調節ねじを回し，対物レンズとプレパラートを ⑫＿＿＿＿ いき，ピントを合わせます。

対物レンズとプレパラートがぶつからないようにする。

花から実へ
けんび鏡の使い方①

▶▶▶ 答えは別さつ6ページ

1：(1) 16点　(2) 1問16点　**2**：20点

1 **右のけんび鏡について，次の問いに答えましょう。**

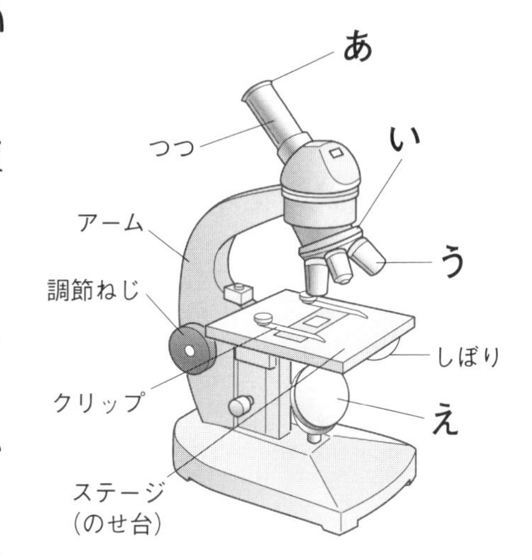

(1) けんび鏡はどのようなところに置きますか。**ア**～**ウ**から選びましょう。（　　）

ア　日光が直接(ちょくせつ)当たる明るいところ。

イ　日光が直接当たらない明るいところ。

ウ　日光が直接当たらない暗いところ。

(2) **あ**～**え**の名前をかきましょう。

あ（　　　　　）　**い**（　　　　　）

う（　　　　　）　**え**（　　　　　）

2 **次の文は，けんび鏡の使い方を説明したものです。ア～エを正しい順にならべましょう。**（　→　→　→　）

ア　プレパラートをステージに置き，クリップでとめる。

イ　いちばん倍率(ばいりつ)の低い対物レンズにして，接眼(せつがん)レンズをのぞきながら，反しゃ鏡を動かして明るく見えるようにする。

ウ　横から見ながら，対物レンズとプレパラートをできるだけ近づける。

エ　接眼レンズをのぞきながら，対物レンズとプレパラートの間を少しずつはなしていき，ピントを合わせる。

花から実へ
けんび鏡の使い方②

答えは別さつ6ページ
点数
点
1問10点

覚えよう！

けんび鏡の倍率(ばいりつ)を高くする方法をまとめましょう。

・けんび鏡の倍率＝①＿＿＿の倍率×②＿＿＿の倍率

❶ 観察したい物が③＿＿＿にくるように，プレパラートを動かします。
└ 高い倍率にすると，見えるはんいはせまくなる。

❷ ④＿＿＿を回して高い倍率の⑤＿＿＿に変えます。

❸ はっきり見えないときは，⑥＿＿＿を少しずつ回して，ピントを合わせます。
└ 高い倍率にすると，対物レンズとプレパラートの間はせまくなる。

プレパラートの動かし方を理解(りかい)しましょう。

・けんび鏡では，上下左右が実際(じっさい)と⑦＿＿＿になって見えます。
└ 実際と同じ向きに見えるけんび鏡もある。

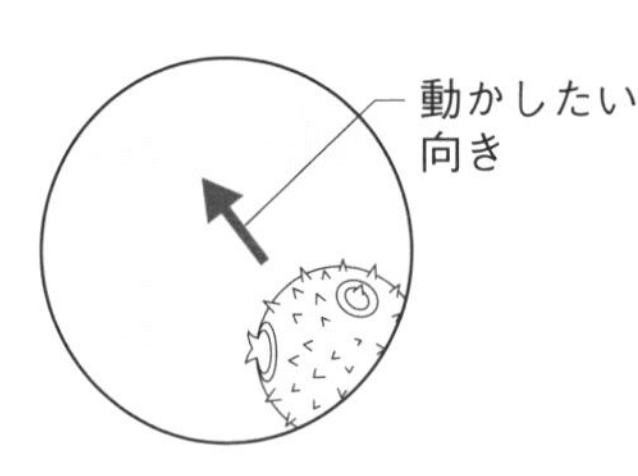

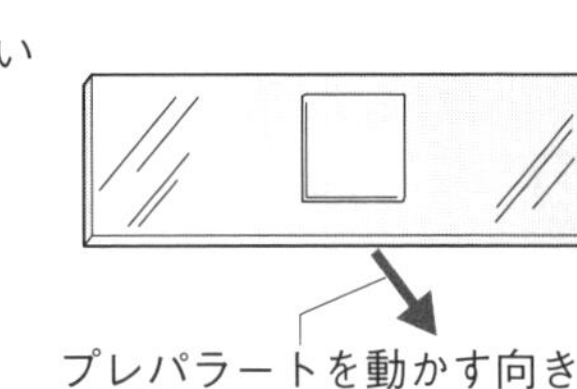

・観察したい物を動かしたい向きと⑧＿＿＿向きに，プレパラートを動かします。
└ 上の図では，生き物を左上に動かして観察したいので，プレパラートを右下に動かす。

けんび鏡の運び方を覚えましょう。

・片手でけんび鏡の⑨＿＿＿をしっかりとにぎり，もう一方の手で台を⑩＿＿＿から支(ささ)えます。

花から実へ
けんび鏡の使い方②

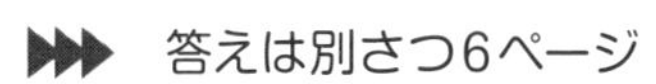

1：(1) 1問12点　(2) 12点　(3) 12点　(4) 12点　**2**：1問20点

1 **右の図は，けんび鏡のレンズです。次の問い に答えましょう。**

ア（10倍）

イ（10倍）　10　0.25　160/0.17

ウ（40倍）　40　0.4　160/0.17

(1) **ア**，**イ**・**ウ**のレンズを，何といいますか。

ア（　　　　　　　　　）

イ・ウ（　　　　　　　　　）

(2) はじめは，**イ**・**ウ**のどちらのレンズを使いますか。（　　　）

(3) **ア**と(2)のレンズを使うとき，けんび鏡の倍率(ばいりつ)は何倍になりますか。（　　　）

(4) **イ**と**ウ**をとりかえるときは，けんび鏡のどの部分を回しますか。

（　　　　　　　　　）

2 **けんび鏡で観察すると，右の図のような花粉(かふん)が左下に見えました。次の問いに答えましょう。**

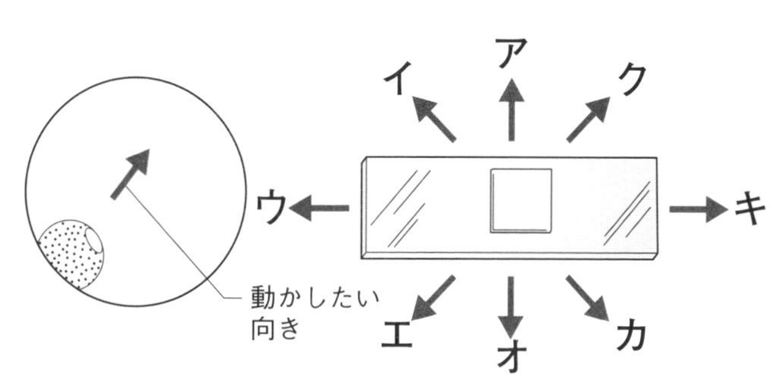

(1) 15倍の接眼(せつがん)レンズと10倍の対物レンズを使ったとき，けんび鏡の倍率は何倍になりますか。（　　　）

(2) 花粉が真ん中に見えるようにするには，**ア**～**ク**のどの向きにプレパラートを動かせばよいですか。（　　　）

花から実へ

花粉のはたらき

▶▶▶ 答えは別さつ7ページ

①～⑤：1問12点　⑥～⑨：1問10点

花粉(かふん)のはたらきを調べる実験を理解(りかい)しましょう。

●花粉をつける

●花粉をつけない

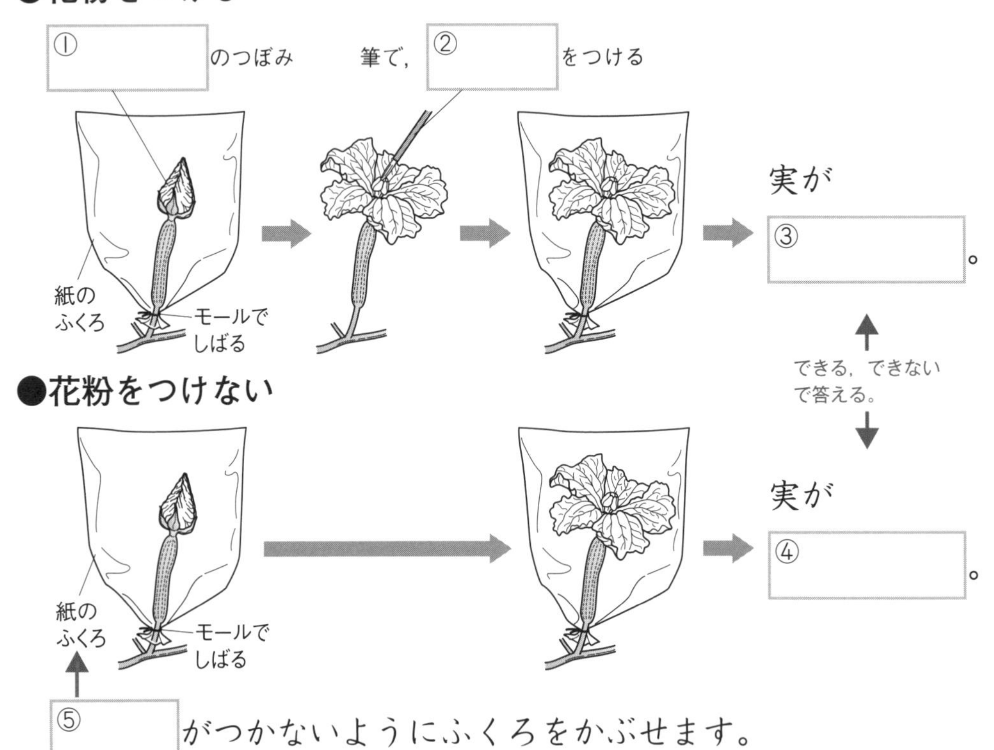

覚えよう

花粉のはたらきをまとめましょう。

めしべの先に花粉がつくこと。

・⑥ すると，⑦ のもとの部分が実になります。

・実の中には，⑧ ができます。

・花がさく植物は，⑨ をつくることによって，生命をつないでいきます。

発芽(はつが)して，新しい植物が育っていく。

花から実へ

花粉のはたらき

練習

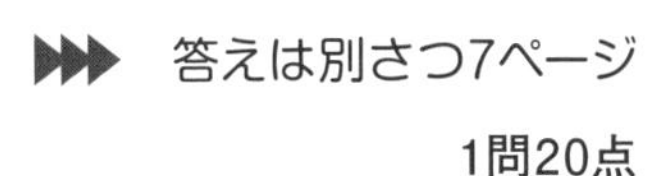

1 **ヘチマの花のつぼみを使って，花粉（かふん）のはたらきを調べる実験をしました。次の問いに答えましょう。**

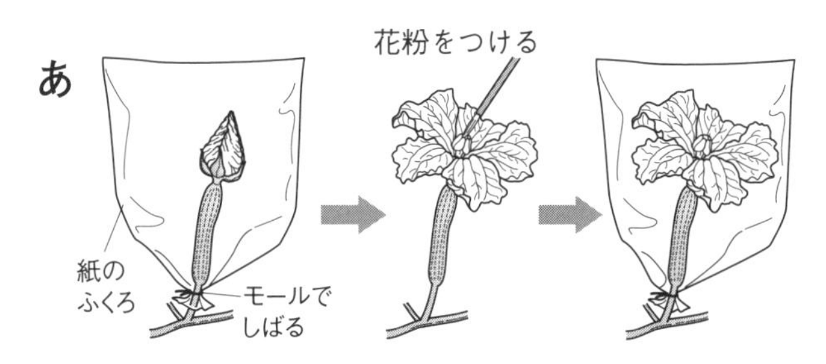

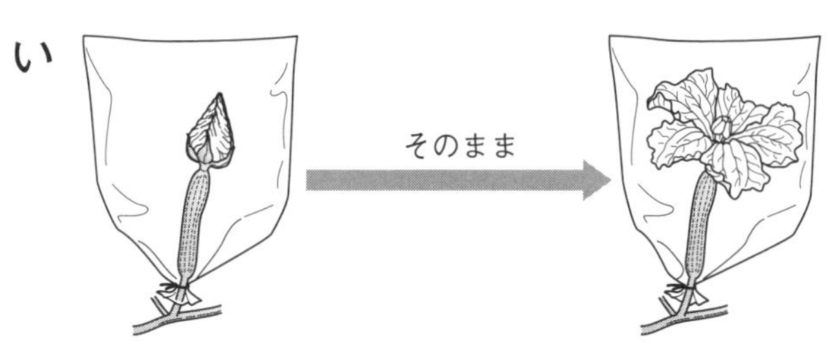

(1) ふくろをかぶせるのは，めばな・おばなのどちらのつぼみですか。

（　　　　　）

(2) 紙のふくろをかぶせるのは，なぜですか。**ア**～**ウ**から選びましょう。（　　）

ア　風や雨から花を守るため。

イ　花びらを開きやすくするため。

ウ　ほかから運ばれてきた花粉がつくのを防（ふせ）ぐため。

(3) **あ**，**い**の花は，実になりますか。**ア**～**エ**から選びましょう。

（　　）

ア　**あ**も**い**も実になる。

イ　**あ**は実になるが，**い**は実にならない。

ウ　**い**は実になるが，**あ**は実にならない。

エ　**あ**も**い**も実にならない。

(4) この実験から，花から実になるためには，何をすることが必要であると考えられますか。（　　　　）

(5) できた実の中には，何が入っていますか。（　　　　）

勉強した日　　月　　日

花から実へ
花粉の運ばれ方

▶▶▶ 答えは別さつ7ページ

①②：1問20点　③～⑥：1問15点

　　点

覚えよう！

花粉（かふん）の運ばれ方を，表にまとめましょう。

運ばれ方	①[　　　]が運ぶ。	②[　　　]が運ぶ。
花と花粉	花粉 アブラナ 花粉 ツツジ	花粉 トウモロコシ 花粉 空気の入ったふくろ マツ
特ちょう	・花粉の表面にとげがあったり，花粉がねばねばしていたりして③[　　　]のからだにつきやすくなっています。 →こん虫が寄（よ）ってくるようにするため。 ・④[　　　]が目立つ色をしているものが多く見られます。	・重さが⑤[　　　]なっていて，飛ばされやすくなっています。 ↑軽い方が風にのって遠くまで運ばれる。 ・花粉に⑥[　　　]の入ったふくろのついているものもあります。 ↑ふくろによって，風に運ばれやすくなる。

花から実へ
花粉の運ばれ方

答えは別さつ7ページ

1:1問11点 2:1問15点

点数　　点

1 こん虫によって運ばれる花粉（かふん）や花の特ちょうには○，風によって運ばれる花粉や花の特ちょうには△をかきましょう。

① (　　　)花粉に空気の入ったふくろのついたものもある。

② (　　　)ねばねばしていたり，表面にとげがついていたりする花粉が見られる。

③ (　　　)軽くてさらさらした花粉が多い。

④ (　　　)目立たない色や形をした花が多い。

⑤ (　　　)よいにおいがしたり，みつを出す花が見られる。

◇チャレンジ◇

2 次にあげた花の花粉について，下の問いに答えましょう。

ア
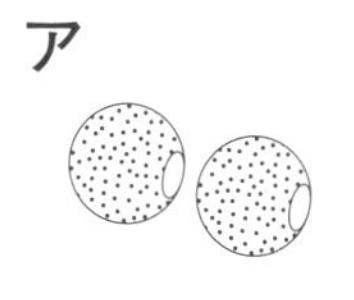
とても軽い

イ
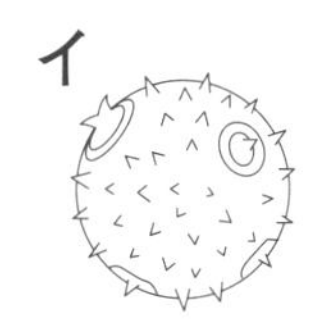
表面にとげがある

ウ
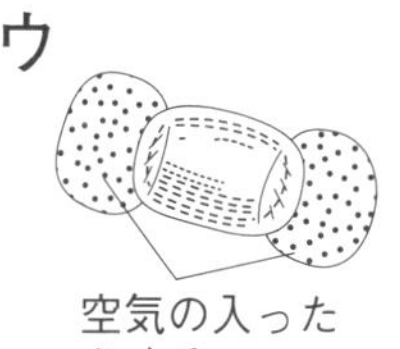
空気の入ったふくろ

エ
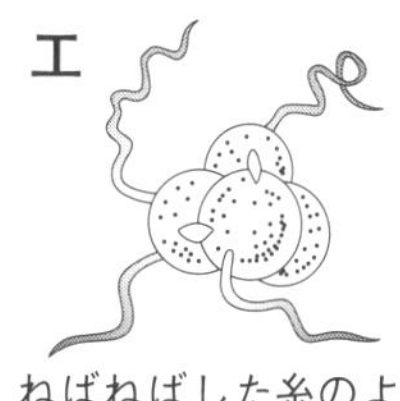
ねばねばした糸のような物がついている

(1) 風によって運ばれる花粉を，**ア**～**エ**からすべて選びましょう。

(　　　　)

(2) こん虫によって運ばれる花粉を，**ア**～**エ**からすべて選びましょう。

(　　　　)

(3) 花粉がどこにつくことで，受粉（じゅふん）が行われますか。

(　　　　　　　)

勉強した日　　月　　日

花から実へのまとめ

答えは別さつ7ページ

1：(1) 1問14点　(2) 14点　(3) 14点　(4) 14点　**2**：1問15点

1 **右の図は，アブラナの花のつくりを表したものです。次の問いに答えましょう。**

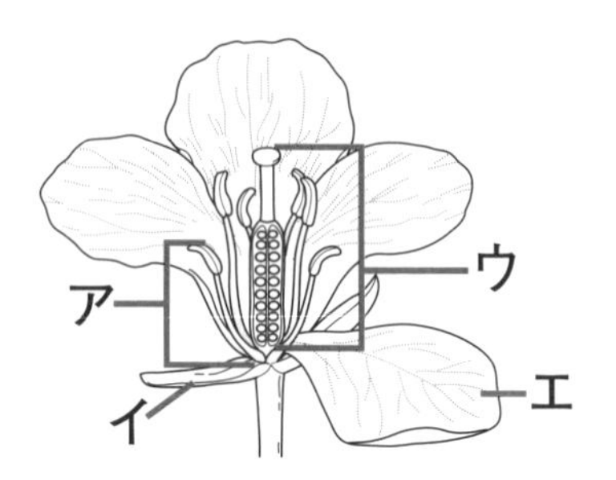

(1) **ア**～**エ**から，めしべ，おしべを1つずつ選びましょう。

(2) 花粉(かふん)が出るのは，**ア**～**エ**のどこですか。　(　　)

(3) アブラナの花粉は，風・こん虫のどちらによって運ばれますか。
(　　　　)

(4) アブラナのように，1つの花の中にめしべとおしべがある植物を，**あ**～**う**から選びましょう。　(　　)
あ　カボチャ　　**い**　トウモロコシ　　**う**　アサガオ

2 **花粉のはたらきを調べるため，ヘチマを使って，次のような実験をしました。下の問いに答えましょう。**

> **ア**　めばなのつぼみに紙のふくろをかぶせ，花が開いたらめしべの先に花粉をつけ，またふくろをかぶせる。
> **イ**　めばなのつぼみに紙のふくろをかぶせたままにする。

(1) めしべの先に花粉がつくことを，何といいますか。(　　　　)

(2) 花がしおれた後，実ができるのは，**ア**・**イ**のどちらのめばなですか。　(　　)

花からへのまとめ

ヘチマのたわしをつくれるのはだれ？

▶▶▶ 答えは別さつ8ページ

ヘチマのたわしをつくります。
ヘチマの種子，花，実を選んでひらがなを順にならべると，
たわしをつくれる人の名前がわかるよ。

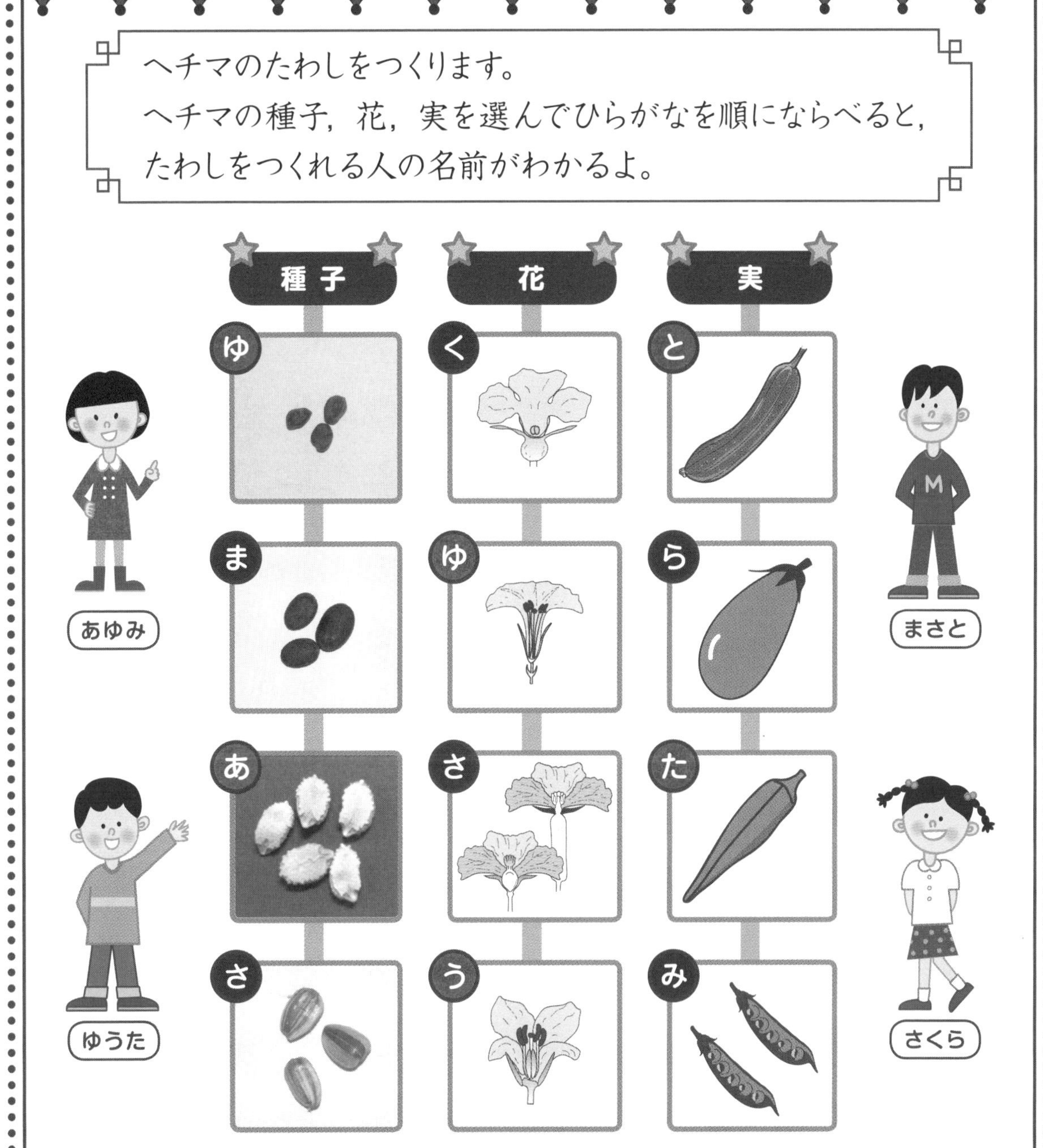

ヘチマのたわしをつくれるのは  さん

台風と天気の変化

台風と天気の変化

答えは別さつ8ページ

1問10点

覚えよう！

台風とはどのようなものか理解(りかい)しましょう。

●台風の雲画像(くもがぞう)

（気象庁(きしょうちょう)ホームページより）

雲画像を見ると，海上で雲がうずをまいているようすがよくわかる。

●台風の予想進路図(よそうしんろず)

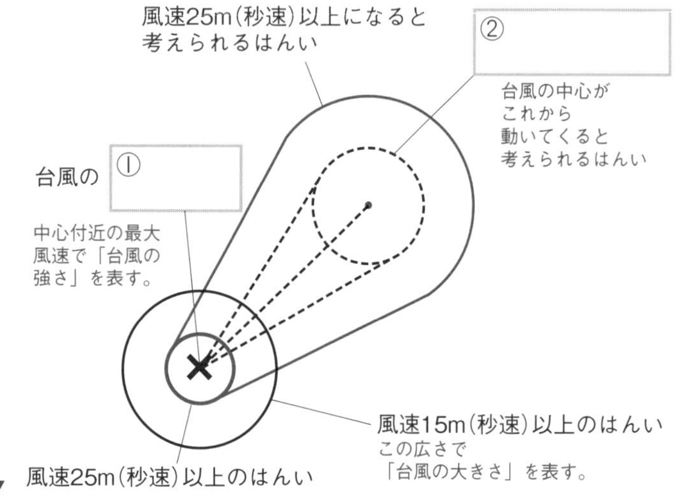

春夏秋冬で答える。

・台風は，③［　　］から④［　　］にかけて日本に近づいてきます。

・台風が近づくと，多くの⑤［　　］がふり，強い⑥［　　］がふきます。

・台風は，日本の⑦［　　］の海上で発生し，初めは⑧［　　］の方へ動き，その後北や⑨［　　］の方へ動いていきます。

●台風の進路

7月
8月
9月
6月
10月
11月
40°
30°
20°

← 日本の近くで，進路を大きく変える。

ことばのかくにん

・⑩［　　］：台風の中心がこれから動いてくると考えられるはんい。

台風と天気の変化

台風と天気の変化

▶▶▶ 答えは別さつ8ページ

1:(1) 14点 (2) 14点 (3) 14点 (4) 1問14点 2:1問10点

1 右の図は，台風の予想進路図を表したものです。次の問いに答えましょう。

(1) 台風の中心が動いてくると考えられるはんいを表しているのは，**あ**～**え**のどれですか。

（　　）

(2) (1)のはんいを何といいますか。（　　　　）

(3) 風速25m以上のはんいを表しているのは，**あ**～**え**のどれですか。

（　　）

(4) 次の文の（　　）にあてはまることばを，**ア**～**エ**から１つずつ選びましょう。

ア 海上	**イ** 陸上	**ウ** 春から夏	**エ** 夏から秋

台風は，日本の南の（①　　　）で発生し，（②　　　）にかけて日本にやってくる。

2 台風による災害について，正しいものには○，正しいとはいえないものには×をかきましょう。

① （　　）強い風によって，木や鉄とうがたおれてしまう。

② （　　）短い時間に大雨がふり，橋が流されることもある。

③ （　　）長い時間弱い雨がふり続き，野菜の育ちが悪くなる。

台風と天気の変化

台風と天気の変化

▶▶▶ 答えは別さつ8ページ

1問25点

点数　　点

1 右の図は，台風の進路を表したものです。次の問いに答えましょう。

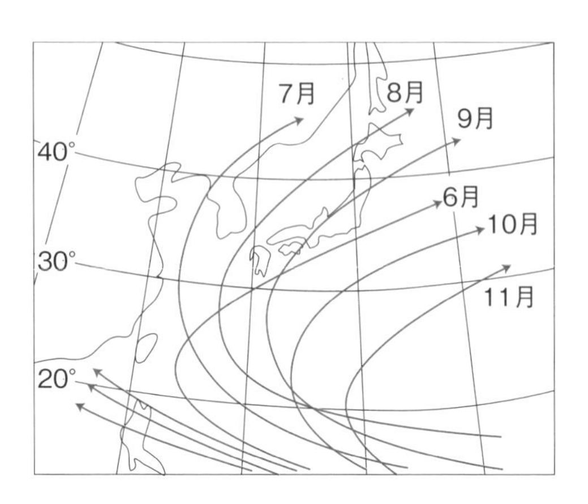

(1) 台風が発生する場所を，**ア**～**エ**から選びましょう。　（　　）

ア　南の海上　　**イ**　南の陸上

ウ　北の海上　　**エ**　北の陸上

(2) 6月～11月に発生した台風は，その後どのように動いていきますか。**ア**～**エ**から選びましょう。　（　　）

ア　初めは東の方へ動き，その後西の方へ動く。

イ　初めは西の方へ動き，その後東の方へ動く。

ウ　初めは南の方へ動き，その後北の方へ動く。

エ　初めは北の方へ動き，その後南の方へ動く。

(3) 台風が日本付近にある雲画像（くもがぞう）を，**あ**～**う**から1つ選びましょう。　（　　）

あ

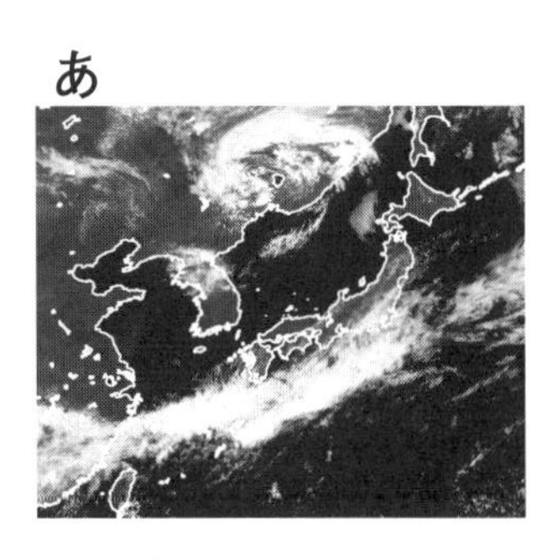

い

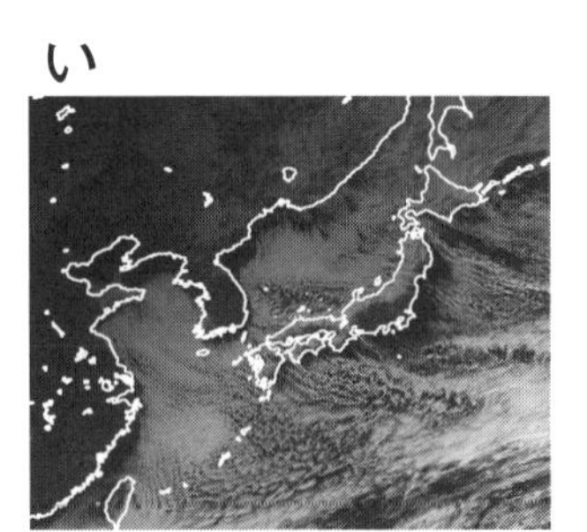

う

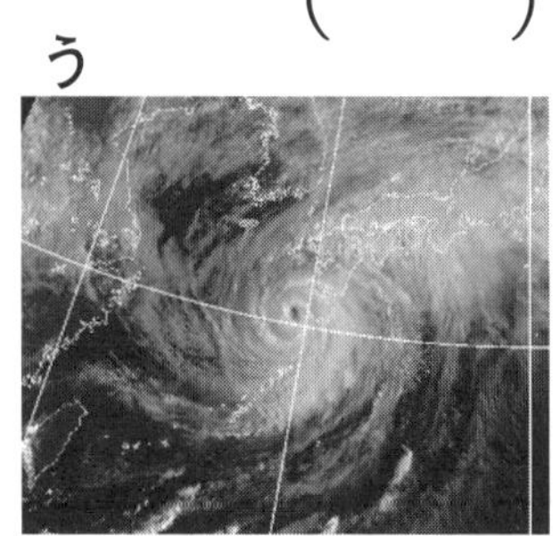

（気象庁（きしょうちょう）ホームページより）

◇チャレンジ◇

(4) 台風によるめぐみとしては，どのようなことがありますか。

（　　　　　　　　　　）

40 台風と天気の変化のまとめ

勉強した日　月　日

▶▶▶ 答えは別さつ8ページ

点数　　点

1：1問10点 **2**：(1) 14点 (2) 14点 (3) 14点 (4) 1問14点

1 台風について，正しいものには○，正しいとはいえないものには×をかきましょう。

① (　　) 台風の中心付近が動いてくると考えられるはんいを，予報円（よほうえん）という。

② (　　) 台風の強さは，風速15m以上のはんいの広さで表される。

③ (　　) 台風は，初めは東の方へ動き，その後西の方へ動く。

2 右の写真は，日本付近を台風が通るときのものです。次の問いに答えましょう。

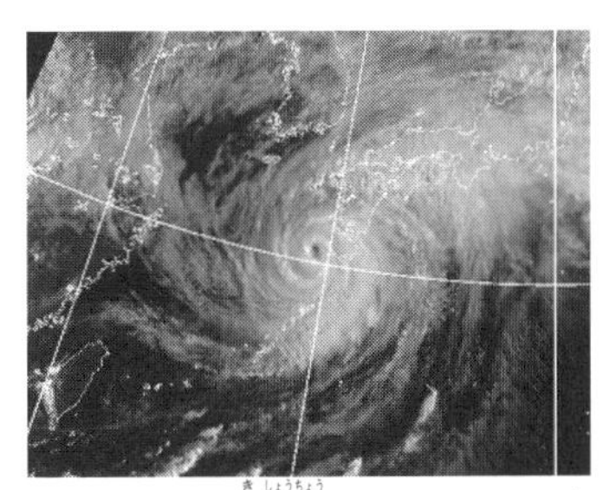

(気象庁（きしょうちょう）ホームページより)

(1) 右のような雲を写した写真を何といいますか。 (　　　　)

(2) (1)は，何からの情報（じょうほう）をもとにつくられたものですか。

(　　　　　　　　)

(3) 台風が日本付近に近づく季節は，ア～エのどれですか。

(　　)

ア 春から夏にかけて　　**イ** 夏から秋にかけて

ウ 秋から冬にかけて　　**エ** 冬から春にかけて

(4) 台風による災害（さいがい）を，ア～エから2つ選びましょう。

(　　)(　　)

ア 大雨　　**イ** つなみ　　**ウ** 強い風　　**エ** 地われ

流れる水のはたらき

流れる水のはたらき

答えは別さつ8ページ

①～⑩：1問7点　⑪～⑬：1問10点

覚えよう！

流れる水のはたらきが大きいか小さいかを答えましょう。

●流れる水のはたらきと水の流れの速さ

水の流れの速いところは，土がけずられている。

水の速さ	水の流れが速い。	水の流れがおそい。
しん食	はたらきが ① 。	はたらきが ② 。
運ぱん	はたらきが ③ 。	はたらきが ④ 。
たい積	はたらきが ⑤ 。	はたらきが ⑥ 。

水の流れがおそいところは，土が積もっている。

●流れる水のはたらきと流れる水の量

雨がたくさんふったときは，地面に雨水が流れたあとが深く残っている。

水の量	水の量が多い。	水の量が少ない。
しん食	はたらきが ⑦ 。	はたらきが ⑧ 。
運ぱん	はたらきが ⑨ 。	はたらきが ⑩ 。

ことばのかくにん　流れる水に関することばを答えましょう。

- ⑪ ：流れる水が地面をけずるはたらき。
- ⑫ ：流れる水が土や石を運ぶはたらき。
- ⑬ ：流れる水が運んできた土や石を積もらせるはたらき。

流れる水のはたらき

流れる水のはたらき

▶▶▶ 答えは別さつ9ページ

点

1：1問10点　**2**：(1) 15点　(2) 15点　(3) 1問20点

1 (1)～(3)**にあてはまるものを，ア～ウから１つずつ選びましょう。**

(1) しん食（　　）　(2) 運ぱん（　　）　(3) たい積（　　）

ア　流された土や石を積もらせるはたらき。
イ　流れる水が土や石を運ぶはたらき。
ウ　流れる水が地面をけずるはたらき。

2 **土で山をつくり，山の上の方から水を流しました。次の問いに答えましょう。**

(1) 土が深くけずられているのは，どのようなところですか。**ア・イ**から選びましょう。（　　）

ア　かたむきが大きいところ。
イ　かたむきが小さいところ。

(2) 土や石がたくさん積もっているのは，どのようなところですか。**ア・イ**から選びましょう。（　　）

ア　かたむきが大きいところ。
イ　かたむきが小さいところ。

(3) ①・②では，しん食・運ぱん・たい積のどのはたらきが大きいですか。すべて答えましょう。

①　水の流れが速いところ（　　　　）

②　水の流れがおそいところ（　　　　）

流れる水のはたらき
川のようす

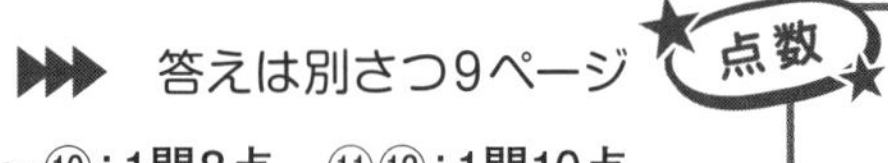

①～⑩：1問8点　⑪⑫：1問10点

覚えよう！

いろいろな地いきを流れる川のようすを，表にまとめましょう。

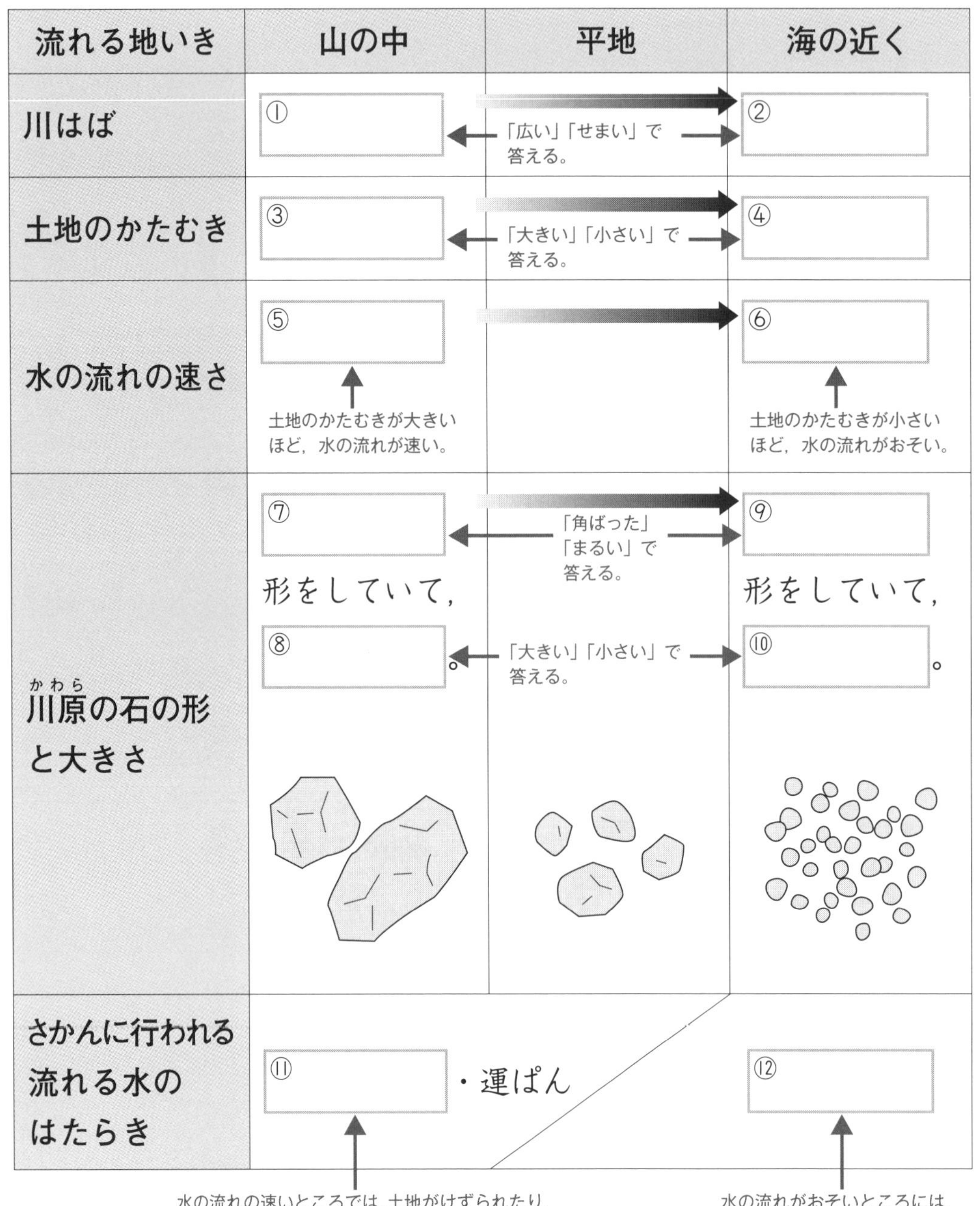

流れる地いき	山の中	平地	海の近く
川はば	①	「広い」「せまい」で答える。	②
土地のかたむき	③	「大きい」「小さい」で答える。	④
水の流れの速さ	⑤ 土地のかたむきが大きいほど，水の流れが速い。		⑥ 土地のかたむきが小さいほど，水の流れがおそい。
川原の石の形と大きさ	⑦ 形をしていて， ⑧ 。	「角ばった」「まるい」で答える。 「大きい」「小さい」で答える。	⑨ 形をしていて， ⑩ 。
さかんに行われる流れる水のはたらき	⑪ ・運ぱん		⑫

水の流れの速いところでは，土地がけずられたり，土や石が運ばれたりする。

水の流れがおそいところには，土や石が積もる。

44 流れる水のはたらき 川のようす

1 **次のア～ウの地いきの川のようすについて，下の問いに答えましょう。**

ア　山の中　　イ　平地　　ウ　海の近く

(1) 川はばが広いものから順に，**ア～ウ**をならべましょう。

(　　→　　→　　)

(2) 土地のかたむきがいちばん大きいのは，**ア～ウ**のどこですか。

(　　)

(3) 水の流れがいちばん速いのは，**ア～ウ**のどこですか。

(　　)

(4) 流れる水のはたらきについて，正しいものには○，正しいとはいえないものには×をかきましょう。

① (　　) 山の中を流れているときは，しん食と運ぱんがさかんに行われている。

② (　　) 平地を流れているときは，しん食と運ぱんだけが行われている。

③ (　　) 海の近くを流れているときは，たい積がさかんに行われている。

2 **川原（かわら）に，右の図のような形をした大きな石がたくさん見られました。この観察をしたのは，ア～ウのどこですか。**

(　　)

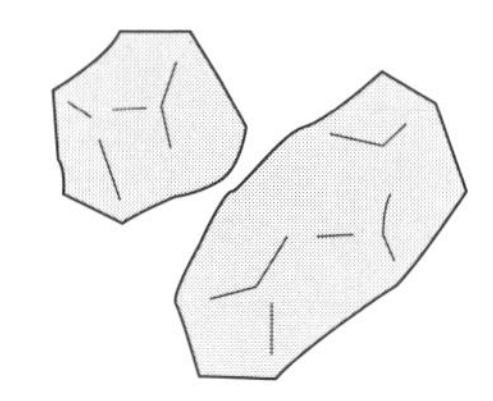

ア　山の中　　イ　平地　　ウ　海の近く

流れる水のはたらき

川の水のはたらき

▶▶▶ 答えは別さつ9ページ

①～⑥：1問12点　⑦⑧：1問14点

覚えよう！

流れが曲がっているところの川のようすを，まとめましょう。

●流れる水のようす

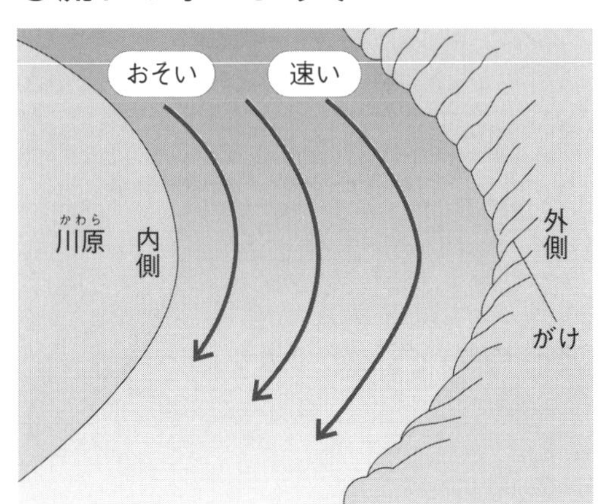

●川底のようす

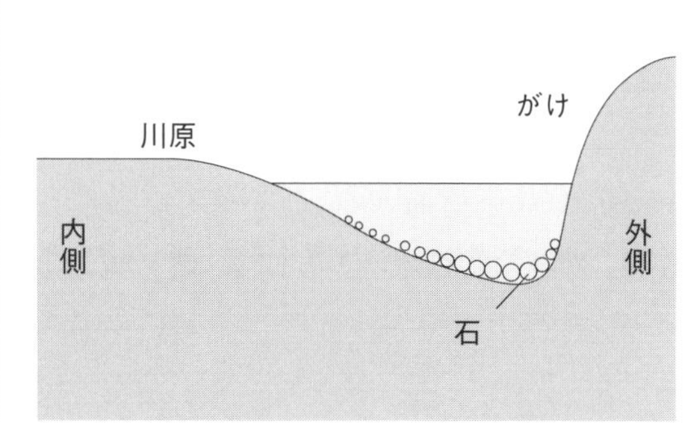

	曲がった流れの内側	曲がった流れの外側
水の流れの速さ	水の流れが ①［　　］。	水の流れが ②［　　］。
流れる水のはたらき	③［　　］がさかんに行われる。	④［　　］がさかんに行われる。
川底の深さ	川底が ⑤［　　］。	川底が ⑥［　　］。
岸のようす	広い ⑦［　　］になっている。	⑧［　　］になっている。

外側と内側で，水の流れの速さがちがう。

「深い」「浅い」で答える。

しん食によってがけがつくられ，たい積によって川原ができる。

流れる水のはたらき

川の水のはたらき

答えは別さつ9ページ

1：1問10点　2：1問15点

1 **川の流れのようすについて，正しいものには○，正しいとはいえないものには×をかきましょう。**

①（　　）川原（かわら）の石は，流れる水のはたらきで運ばれてきたので，角がとれてまるくなっている。

②（　　）流れが曲がっているところでは，両岸にがけができている。

③（　　）流れが曲がっているところでは，内側の方が外側よりも，水が速く流れる。

④（　　）流れが曲がっているところでは，外側の方が内側よりも，川底が深い。

2 **右の図のように，川が曲がっています。次の問いに答えましょう。**

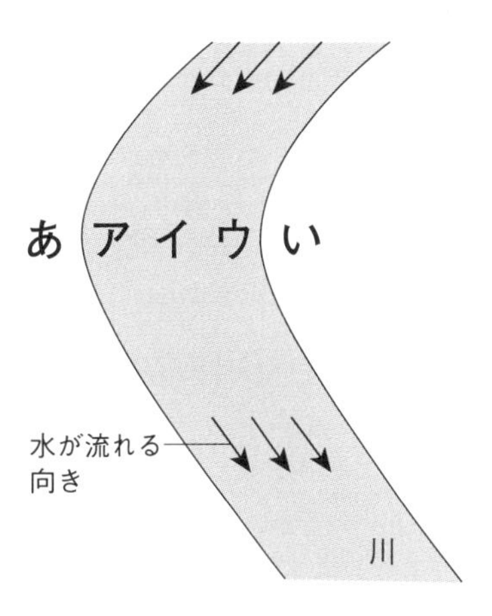

(1) 水の流れがいちばん速いのは，**ア～ウ**のどこですか。（　　）

(2) 川底がいちばん浅いのは，**ア～ウ**のどこですか。（　　）

(3) 川底の石がいちばん大きいのは，**ア～ウ**のどこですか。（　　）

(4) 川原が広がっているのは，**あ・い**のどちらの場所ですか。

（　　）

流れる水のはたらき

川の流れと災害

理解

答えは別さつ10ページ

1問10点　点

覚えよう！

流れる水のはたらきでつくられた地形を，表にまとめましょう。

地形	特ちょう	見られる場所	流れる水のはたらき
V字谷（ブイじこく）	深くけわしい谷。	土地のかたむきが①［　］，山の中。（「大きい」「小さい」で答える。）	②［　］によってできた。
扇状地（せんじょうち）	おうぎ形の地形。	川が山から③［　］に出たあたり。	④［　］によってできた。
三角州（さんかくす）	すなやどろが三角形に積もった土地。	⑤［　］の近く。（水の流れがとてもおそくなる。）	⑥［　］によってできた。

大雨のときの川のようすを，大雨の前と比（くら）べましょう。

・川の水の量…⑦［　］なります。← ふった雨水は，川に集まる。

・水の流れ……⑧［　］なります。

・流れる水のはたらき……⑨［　］なります。← 流れる水のはたらきは，水の量が多いほど大きくなる。

・川岸がけずられるのを防（ふせ）ぐための護岸（ごがん）ブロックや，石やすなが下流にいちどに流れるのを防ぐ⑩［　］がつくられています。

流れる水のはたらき

川の流れと災害

▶▶▶ 答えは別さつ10ページ

1：(1) 10点　(2) 10点　(3) 1問10点　**2**：1問20点

1 次の地形について，下の問いに答えましょう。

ア　V字谷（ブイじこく）　イ　扇状地（せんじょうち）　ウ　三角州（さんかくす）

(1) 川が山から平地に出てきたところで見られる地形は，**ア**～**ウ**のどれですか。（　　）

(2) 土地のかたむきが大きい，山の中を流れている川で見られる地形は，**ア**～**ウ**のどれですか。（　　）

(3) ①，②のはたらきでつくられた地形を，**ア**～**ウ**からすべて選びましょう。

① たい積　（　　　　）　② しん食　（　　　　）

2 大雨による土地の変化について，次の問いに答えましょう。

(1) 大雨がふったときの川のようすを，**ア**～**エ**から選びましょう。（　　）

ア　水の量がふえ，流れが速くなる。
イ　水の量がふえ，流れがおそくなる。
ウ　水の量がへり，流れが速くなる。
エ　水の量がへり，流れがおそくなる。

(2) 大雨がふると，流れる水のはたらきは大きくなりますか，小さくなりますか。（　　　　　　）

(3) 大雨によって石やすなが一気に流され，災害（さいがい）が起こるのを防（ふせ）ぐためにつくられているダムを何といいますか。（　　　　　　）

流れる水のはたらきのまとめ

▶▶▶ 答えは別さつ10ページ

1問20点

1 **川が大きく曲がって流れています。次の問いに答えましょう。**

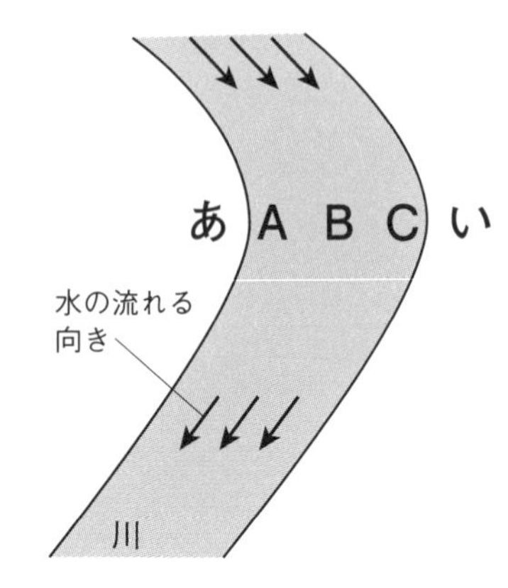

(1) 水の流れが速い順に，A～Cをならべましょう。

(→ →)

(2) A～Cの川底のようすを，ア～オから選びましょう。 ( )

ア Aがいちばん深く，Cがいちばん浅い。
イ Cがいちばん深く，Aがいちばん浅い。
ウ Bがいちばん深く，AとCは同じぐらいの深さである。
エ Bがいちばん浅く，AとCは同じぐらいの深さである。
オ どこもほぼ同じ深さである。

(3) 川底の石がもっとも大きいのは，A～Cのどこですか。

( )

(4) 流れる水が土地をけずるはたらきを何といいますか。

( )

◆チャレンジ◆

(5) (4)のはたらきによって川岸がけずられるのを防(ふせ)ぐには，**あ**・**い**のどちらにじょうぶなてい防(ぼう)をつくればよいですか。

( )

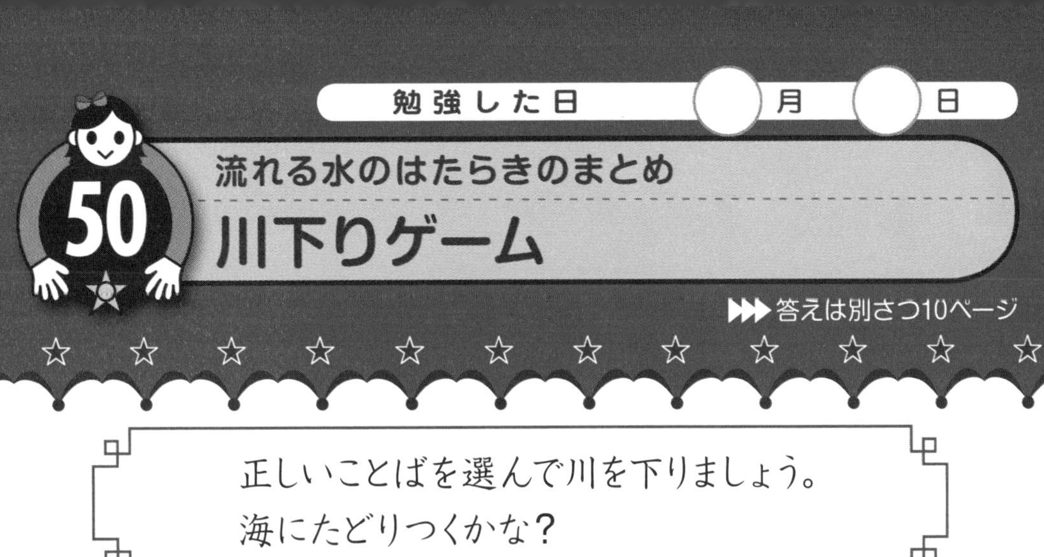

流れる水のはたらきのまとめ

川下りゲーム

▶▶▶答えは別さつ10ページ

正しいことばを選んで川を下りましょう。
海にたどりつくかな？

ふりこ
ふりこ

▶▶▶ 答えは別さつ10ページ

1問25点

ふりこが1往復(おうふく)する時間は，何によって変わるか考えましょう。

●おもりの重さを変える（同じにする条件(じょうけん)：ふりこの長さ，ふれはば）

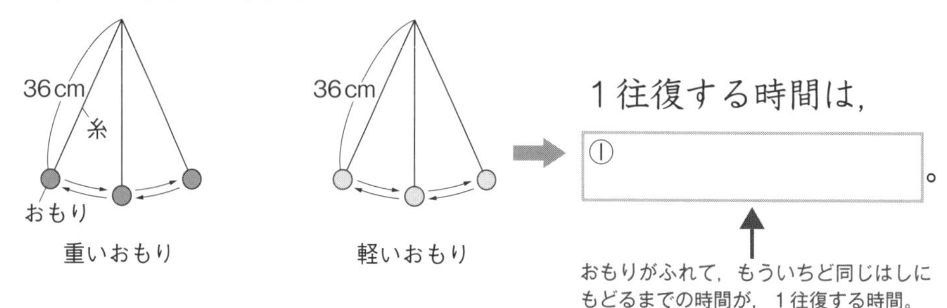

1往復する時間は，①［　　　　］。

おもりがふれて，もういちど同じはしにもどるまでの時間が，1往復する時間。

●ふりこのふれはばを変える（同じにする条件：おもりの重さ，ふりこの長さ）

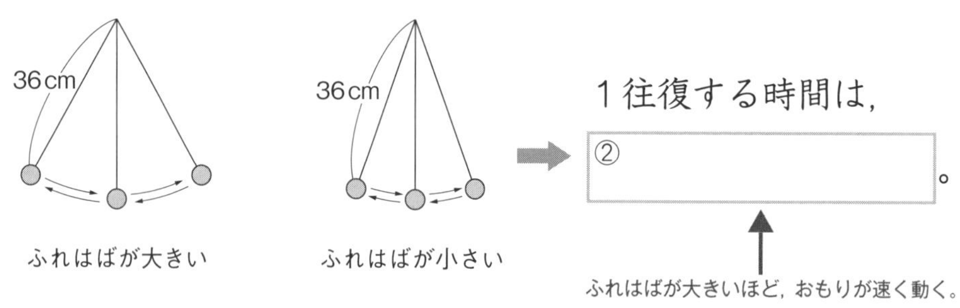

1往復する時間は，②［　　　　］。

ふれはばが大きいほど，おもりが速く動く。

●ふりこの長さを変える（同じにする条件：おもりの重さ，ふれはば）

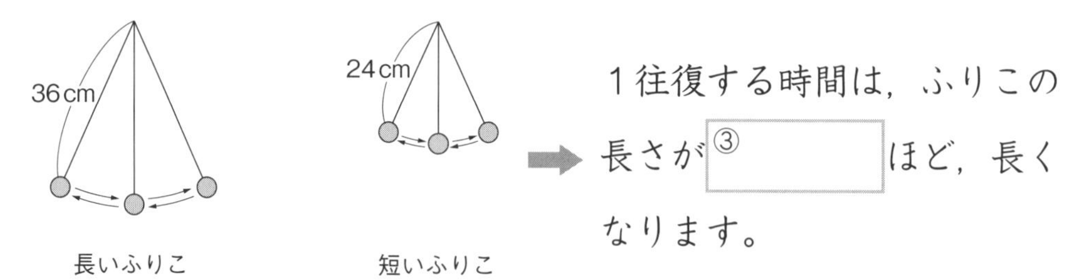

1往復する時間は，ふりこの長さが③［　　　　］ほど，長くなります。

ことばのかくにん 名前を答えましょう。

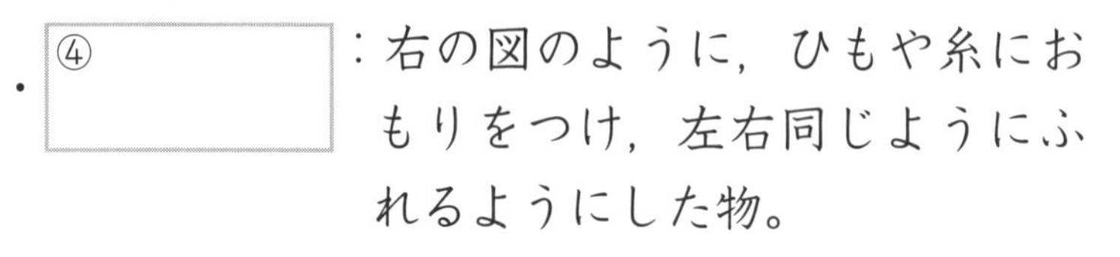

・④［　　　　］：右の図のように，ひもや糸におもりをつけ，左右同じようにふれるようにした物。

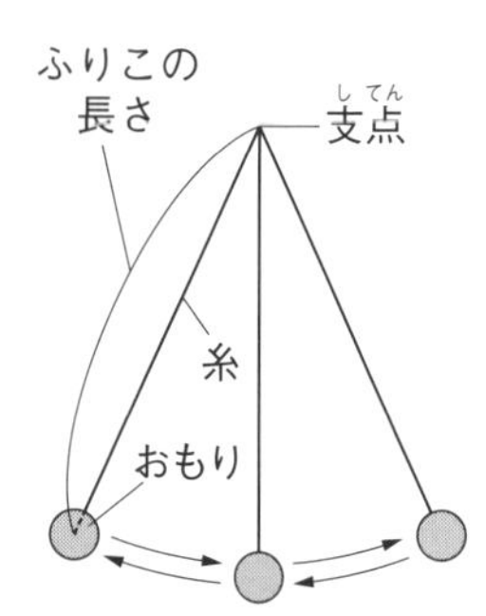

ふりこ
ふりこ

練習

答えは別さつ10ページ

1：1問10点　**2**：(1) 1問20点　(2) 20点

1 ふりこについて，次の問いに答えましょう。

(1) ふりこの長さを表しているのは，右の**ア**～**ウ**のどれですか。　(　　)

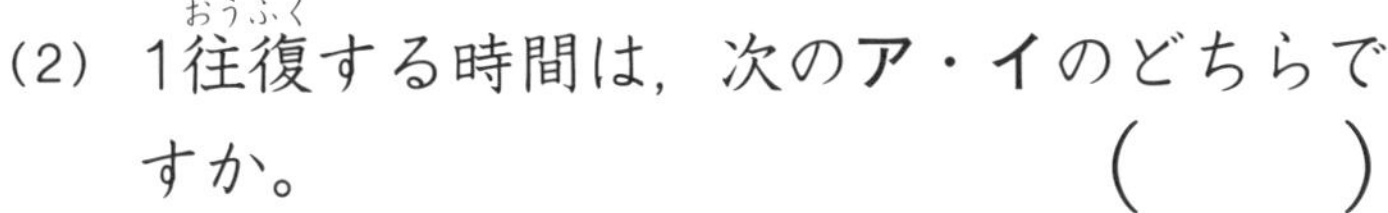

(2) 1往復(おうふく)する時間は，次の**ア**・**イ**のどちらですか。　(　　)

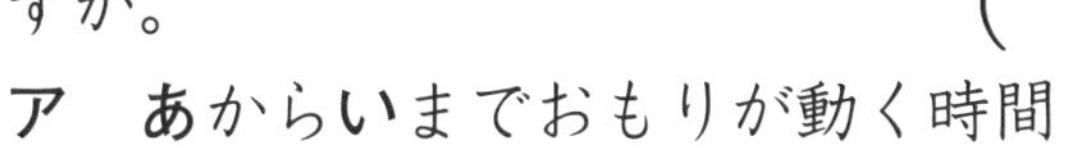

ア　**あ**から**い**までおもりが動く時間

イ　**あ**から動き始めたおもりが**あ**までもどってくるまでの時間

支点(してん)　ア　イ　ウ　糸　おもり　あ　い

◆チャレンジ◆

2 ふりこが1往復する時間が変わる条件(じょうけん)を調べました。次の問いに答えましょう。

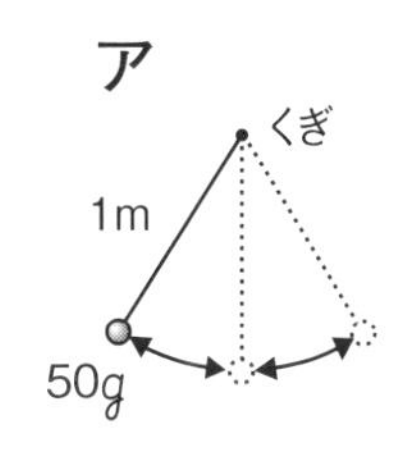

大きなふれはば

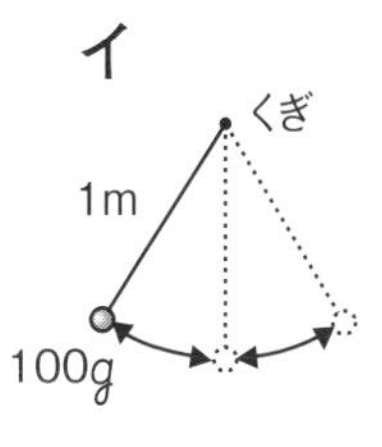

大きなふれはば

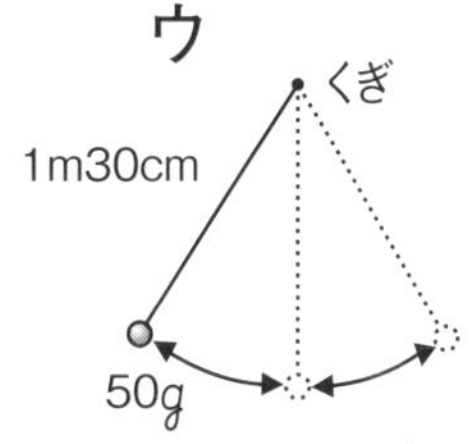

大きなふれはば

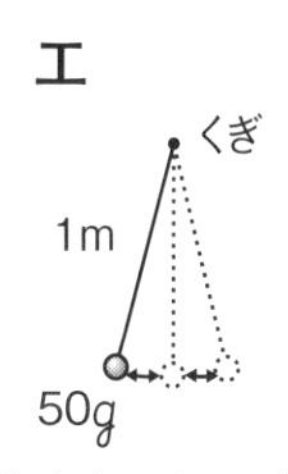

小さなふれはば

(1) ①～③を調べるには，**ア**～**エ**のどれとどれの結果を比(くら)べますか。

① 1往復する時間とおもりの重さの関係　(　　と　　)

② 1往復する時間とふれはばの関係　(　　と　　)

③ 1往復する時間とふりこの長さの関係　(　　と　　)

(2) 1往復する時間がもっとも長いのは，**ア**～**エ**のどれですか。

(　　)

ふりこ

ふりこ

▶▶▶ 答えは別さつ11ページ

1：1問8点　**2**：(1) 15点　(2) 1問15点　(3) 15点

1 ふりこについて正しいものには○，正しいとはいえないものには×をかきましょう。

① (　　　)ふりこの長さは，支点(糸をつるす点)からおもりの中心までの長さである。

② (　　　)ふりこが1往復する時間は，1回ふれる時間をストップウォッチではかる。

③ (　　　)おもりが重いほど，1往復する時間が長くなる。

④ (　　　)ふりこのふれはばが大きいほど，1往復する時間が長くなる。

⑤ (　　　)ふりこの長さが長いほど，1往復する時間が長くなる。

2 ふりこが10往復する時間を3回調べました。次の問いに答えましょう。

	1回め	2回め	3回め
10往復する時間	20秒	18秒	22秒

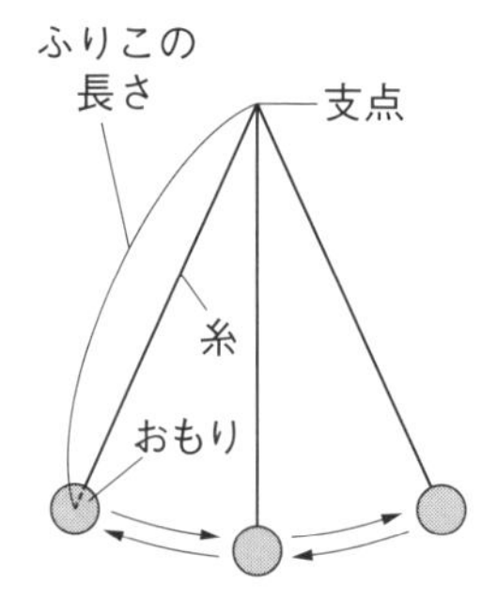

(1) 調べた結果から，ふりこが1往復する時間を求めましょう。 (　　　　)

◆チャレンジ◆

(2) ふりこの長さが長いときと短いときで，1往復する時間を比べようと思います。このとき同じにする条件を2つ答えましょう。

(　　　　　　　　)(　　　　　　　　)

(3) 1往復する時間が短いのは，ふりこの長さが長いときですか，短いときですか。 (　　　　)

54 ふりこのまとめ

答えは別さつ11ページ

(1) 25点　(2) ①1問25点 ②25点

1 **ふりこが1往復(おうふく)する時間と，おもりの重さ，ふりこの長さ，手をはなす角度の関係を調べます。**

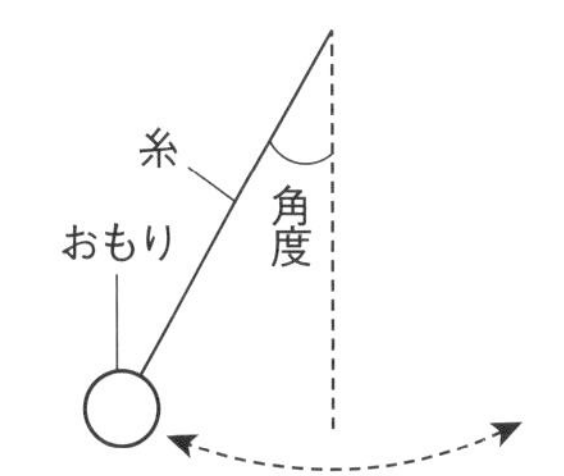

(1) ふりこが1往復する時間を正確(せいかく)に求める方法を**ア～ウ**から選びましょう。　(　　)

ア　1往復する時間を3回はかり，その平均(へいきん)を求める。

イ　おもりをはなしてから，反対側のいちばん高いところまで動く時間を3回はかり，その平均を2倍する。

ウ　10往復する時間を3回はかり，その平均を10でわる。

チャレンジ

(2) 次の**ア～オ**のように条件(じょうけん)を変えて，1往復する時間を調べました。

	おもりの重さ	ふりこの長さ	手をはなす角度
ア	30g	30cm	60°
イ	30g	50cm	45°
ウ	50g	50cm	30°
エ	100g	80cm	30°
オ	100g	100cm	15°

① **ア～オ**で，1往復する時間がいちばん長いふりこと，いちばん短いふりこはどれですか。

あ　1往復する時間がいちばん長いふりこ　(　　)

い　1往復する時間がいちばん短いふりこ　(　　)

② **ア～オ**で，1往復する時間が同じものはどれとどれですか。

(　　と　　)

人のたんじょう

人のたんじょう①

▶▶▶ 答えは別さつ11ページ

1問10点

覚えよう!

人の卵（卵子）と精子について，表にまとめましょう。

	つくられるところ	大きさ
人の卵	① の体内	直径約0.14mm
人の精子	② の体内	長さ約0.06mm

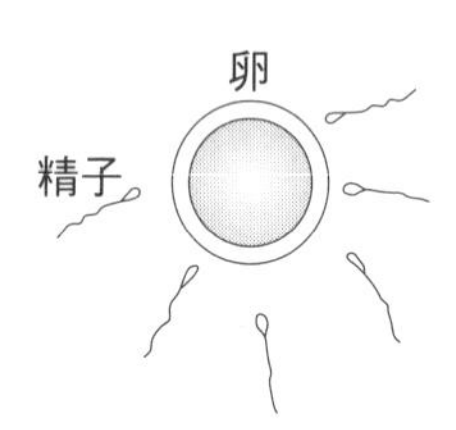

人の受精について，答えましょう。

受精した卵のこと。

・卵と ③ が結びつくと ④ ができ，成長を始めます。

・受精卵は，母親の体内にある ⑤ の中で子どもに育ってからたんじょうします。

母親の体内での子どもの育ち方を，表にまとめましょう。

受精してから	体内での子どものようす
約４週	⑥ が動き始めます。←血液が流れるようになる。
約８週	手や ⑦ の形がはっきりわかるようになります。
約24週	からだを回転させて，よく動くようになります。
約 ⑧ 週	母親の体内からたんじょうします。

↑およそ266日。

ことばのかくにん 人のたんじょうに関することばを答えましょう。

・⑨ ：精子が卵と結びつくこと。

・⑩ ：受精した卵。

人のたんじょう
人のたんじょう①

▶▶▶ 答えは別さつ11ページ

1：(1) 1問14点　(2) 1問14点　(3) 14点　2：1問10点

点数　点

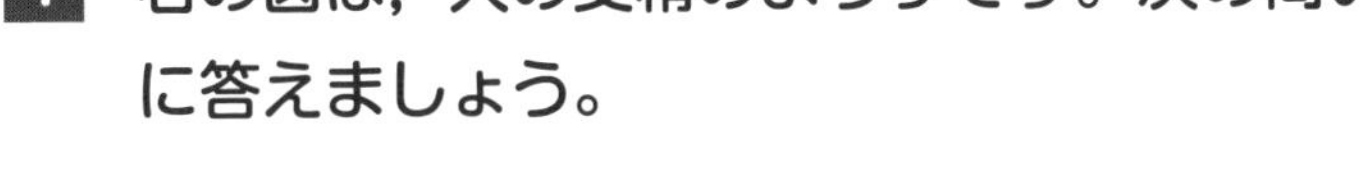

1 右の図は，人の受精（じゅせい）のようすです。次の問いに答えましょう。

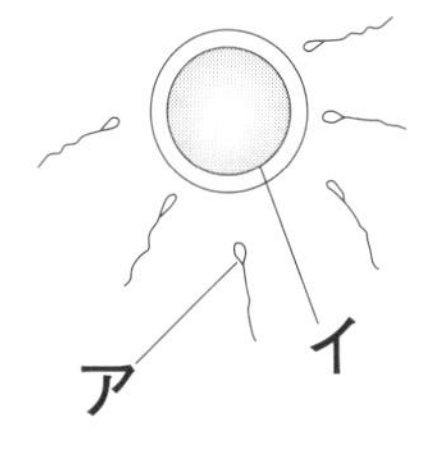

(1) ア・イは，それぞれ何ですか。

ア（　　　）　イ（　　　）

(2) ア・イは，それぞれ女性（じょせい）・男性（だんせい）のどちらの体内でつくられますか。

ア（　　　）　イ（　　　）

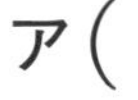

(3) 受精したイを何といいますか。　（　　　）

2 受精してから子どもがたんじょうするまでのようすについて，次の問いに答えましょう。

(1) 受精卵（じゅせいらん）は，母親の体内の何とよばれるところで成長していきますか。　（　　　）

(2) 母親の体内で育っていく順に，ア～ウをならべましょう。

（　　→　　→　　）

ア　からだを回転させて，よく動くようになる。
イ　目や耳ができ，手やあしの形がはっきりしてくる。
ウ　心ぞうが動いて，血液（けつえき）が流れるようになる。

(3) 子どもが母親の体内からうまれ出てくるのは，受精してからおよそ何週たってからですか。ア～ウから選びましょう。

（　　）

ア　およそ24週　　イ　およそ38週　　ウ　およそ50週

人のたんじょう

人のたんじょう②

▶▶▶ 答えは別さつ11ページ

点数　　点

1問10点

覚えよう

母親の体内で子ども(たい児)が育つようすをまとめましょう。

●へそのおとたいばんのはたらき

・子どもは，養分など必要な物を，母親のたいばんとつながった ⑤［　　　］を通してとり入れています。

①［　　　］

②［　　　］

③［　　　］ ↑ 子宮の中にいる子どもを囲んでいる液体(えきたい)。

母親の子宮(しきゅう)の中にいる間の子どものこと。↓ ④［　　　］

・子どもは，いらなくなった物を，へそのおを通して，母親の子宮にある ⑥［　　　］にわたしています。

↑ 母親の子宮のかべにあり，へそのおとつながっている。

●羊水(ようすい)のはたらき

・外部からの力をやわらげることで，子どもを守っています。

・子どもは，羊水の中で ⑦［　　　］ような状態(じょうたい)になっているので，自由に手やあしを動かすことができます。

← 子どもは，まわりを羊水にとり囲まれている。

ことばのかくにん 人のたんじょうに関することばを答えましょう。

・⑧［　　　］：母親の子宮のかべにあり，子どもに養分などをわたし，いらない物を受けとるところ。

・⑨［　　　］：⑧と子どもをつないでいて，養分などが通るところ。

・⑩［　　　］：子宮の中にある液体。子どもを守るはたらきがある。

人のたんじょう

人のたんじょう②

答えは別さつ11ページ

1：1問10点　**2**：(1) 1問10点　(2) 10点　(3) 10点

1 **次の文は，下のア～エのどれを説明したものですか。**

(1) 母親の体内で，子どもが育つところ。（　　）

(2) (1)のかべにあり，子どもに養分など必要な物をわたし，いらなくなった物を受けとるところ。（　　）

(3) (2)と子どもをつないでいて，必要な物やいらなくなった物の通り道になる。（　　）

(4) 子宮(しきゅう)の中にある液体(えきたい)。（　　）

ア　羊水(ようすい)	イ　へそのお	ウ　子宮	エ　たいばん

2 **下の図は，母親の体内の子どものようすを表したものです。次の問いに答えましょう。**

(1) **ア**～**エ**の名前を答えましょう。

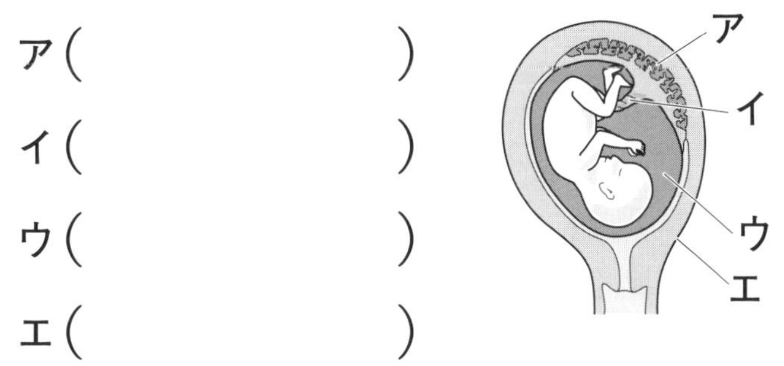

ア（　　　　　）

イ（　　　　　）

ウ（　　　　　）

エ（　　　　　）

(2) 子どもと母親のたいばんの間で，養分やいらなくなった物をやりとりする通り道は，**ア**～**エ**のどこですか。（　　）

(3) 外部からの力をやわらげ，子どもを守っているのは，**ア**～**エ**のどれですか。（　　）

人のたんじょうのまとめ

▶▶▶ 答えは別さつ12ページ

1：1問10点　**2**：(1) 1問10点　(2) 20点　(3) 10点

1 **人のたんじょうについて，正しいものには○，正しいとはいえないものには×をかきましょう。**

①（　　　）人の生命のたんじょうには，受精（じゅせい）が必要である。

②（　　　）受精してから約45週たつと，子どもがたんじょうする。

③（　　　）子どもは，へそのおを通して，母親にいらない物をわたしている。

2 **人のたんじょうについて，次の問いに答えましょう。**

(1)（　）にあてはまるものを，ア～エから1つずつ選びましょう。

男性（だんせい）の体内でつくられた（①　　　）は長さ（②　　　）で，女性（じょせい）の体内でつくられた（③　　　）は直径（④　　　）です。

ア　卵（らん）　　イ　精子（せいし）　　ウ　約0.06mm　　エ　約0.14mm

(2) 右の図は，母親の子宮（しきゅう）のようすを表したものです。「子宮」「へそのお」「たいばん」の位置を，図にしめしましょう。【完答】

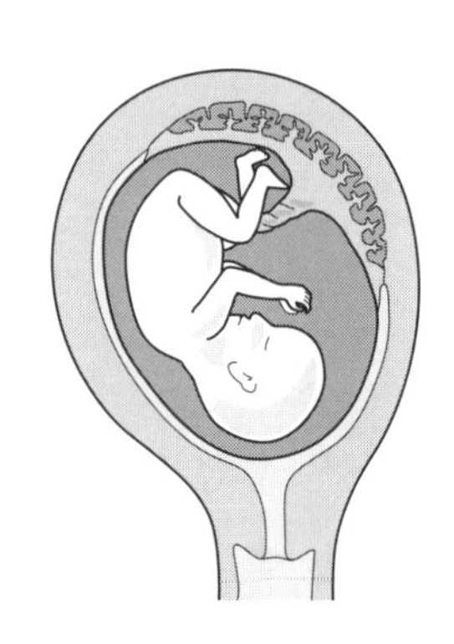

(3) へそのおを通して，母親から子どもにわたされる，成長に必要な物を答えましょう。（　　　　）

勉強した日　　月　　日

人のたんじょうのまとめ
クロスワードクイズ

▶▶▶答えは別さつ12ページ

下の□には人のたんじょうに関することばが入ります。
たてと横のヒントから考え，ひらがなでかきましょう。
ア〜オの文字をならべるとできることばは何？

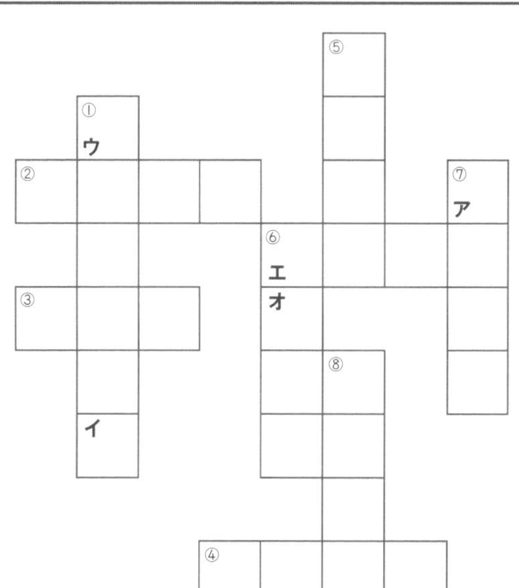

たてのヒント

① 受精した卵。

⑤ 受精した卵が育つところ。

⑥ へそのおを通して，
母親から子どもにわたされるもの。

⑦ 母親の子宮のかべにあり，
へそのおとつながっている。

⑧ 母親のたいばんと子どもをつなぐもの。

横のヒント

② 卵と精子が結びつくこと。

③ 男性の体内でつくられるのは，
卵？　精子？

④ 子宮があるのは，父親？　母親？

⑥ 子宮の中で，子どもを囲んでいるもの。

答え

人の ア□ イ□ ウ□ エ□ オ□

物のとけ方

物が水にとけるとき

▶▶▶ 答えは別さつ12ページ

1問20点

覚えよう

食塩を水に入れたときのようすをまとめましょう。

・食塩を水に入れてよく<ruby>混<rt>ま</rt></ruby>ぜると，液が ① [　　　　] 見えるようになります。

↑ とうめいな液になる。

・食塩が水にとけたとき，とけた食塩は液全体に，② [　　　] に広がっています。

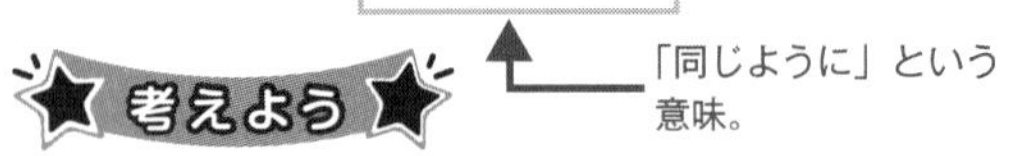

ガラスぼう　ビーカー　ゴム管

水にとけた物の重さを整理しましょう。

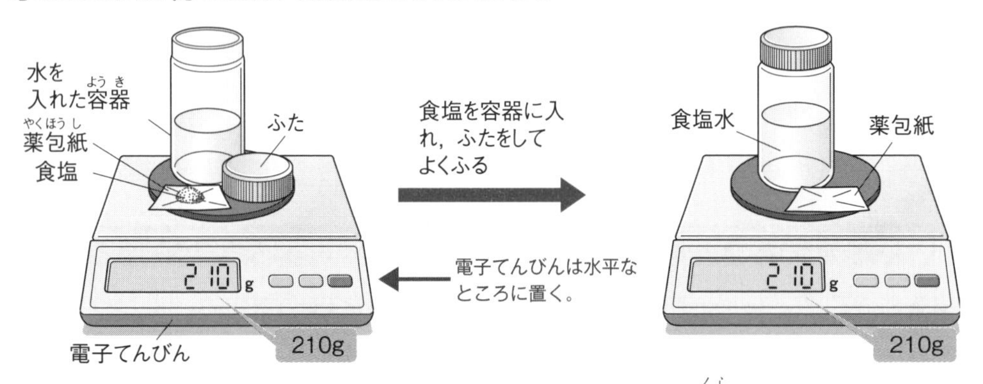

・食塩をとかす前と，水にとかした後の重さを比べると，全体の重さは ③ [　　　　]。← 食塩は目に見えなくなっても，水よう液の中にある。

➡ 水の重さ＋ ④ [　　　] の重さ＝食塩水の重さ

ことばのかくにん 次のような液の名前を答えましょう。

・⑤ [　　　　] ：物が水にとけた液のこと。

物のとけ方

物が水にとけるとき

答えは別さつ12ページ

(1) 20点　(2) 1問10点　(3) 20点　(4) 20点

1 コーヒーシュガーを水にとかしました。次の問いに答えましょう。

(1) 物を水にとかした液(えき)を何といいますか。　(　　　　　)

(2) コーヒーシュガーをとかした液について，正しいものには○，正しいとはいえないものには×をかきましょう。

① (　　) すき通っているので，水よう液である。

② (　　) すき通っているが色がついているので，水よう液ではない。

③ (　　) とけたコーヒーシュガーは，液の下の方にたまっている。

④ (　　) とけたコーヒーシュガーは，液全体に均一(きんいつ)に広がっている。

(3) 時間がたったときのコーヒーシュガーをとかした液のようすを，**ア**～**ウ**から選びましょう。　(　　)

ア　上の方の色がこくなる。

イ　下の方の色がこくなる。

ウ　液全体が同じ色をしている。

(4) コーヒーシュガーを水にとかした液の重さは，とかす前のコーヒーシュガーの重さと水の重さを合わせた重さと比(くら)べて，どうなっていますか。**ア**～**ウ**から選びましょう。　(　　)

ア　軽くなる。　**イ**　重くなる。　**ウ**　変わらない。

物のとけ方

物が水にとけるとき

答えは別さつ12ページ

1：1問20点　**2**：1問10点

1 水にとけた物の重さについて，下の問いに答えましょう。

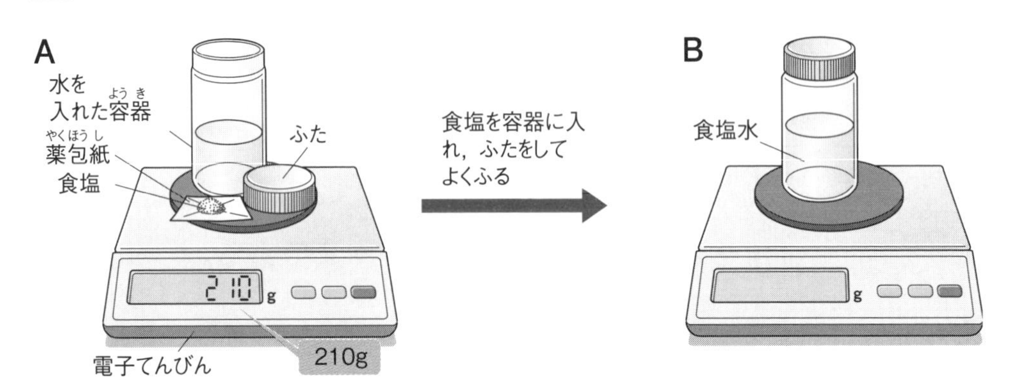

(1) 電子てんびんは，どのようなところに置きますか。

(　　　　　　　　)

チャレンジ

(2) 上のBには，まちがったところがあります。重さを正しくはかる方法を答えましょう。

(　　　　　　　　　　　　　　　　)

(3) 正しい方法で測定したとき，Bの電子てんびんは何gをさしますか。ア～ウから選びましょう。(　　)

ア　210gより大きい。　　イ　210g　　ウ　210gより小さい。

2 (1)～(4)の食塩をそれぞれ50gの水に加えてよくかき混ぜると，全部とけました。このときの食塩水の重さは何gですか。

(1) 食塩3g　(　　　　)　(2) 食塩5g　(　　　　)

(3) 食塩10g　(　　　　)　(4) 食塩15g　(　　　　)

物のとけ方

物が水にとける量①

答えは別さつ13ページ

①～⑥：1問10点　⑦⑧：1問20点

覚えよう

メスシリンダーの使い方をまとめましょう。

❶ メスシリンダーは，① ［　　］ なところに置いて使います。 ← 液面を水平にするため。

❷ はかりとりたい目もりの少し ② ［　　］ のところまで，液（えき）を入れます。

❸ ③ ［　　］ から液面を見ながら，④ ［　　］ で液を加え，はかりとりたい目もりに液面を合わせます。 ← 少しずつ水を加えるために使う道具。

70
60.0mL
60
100
90
80
70
60
50
40
30
20
10

考えよう

物が水にとける量を整理しましょう。

・決まった量の水にとける物の量には，限（かぎ）りが ⑤ ［　　］。

・物によって，水にとける量にはちがいが ⑥ ［　　］。

← 「ある」「ない」で答える。

水の量と物がとける量の関係を調べましょう。

●水の量と物がとける量（水の温度：20℃，計量スプーンを使った場合）

水の量	50mL	100mL	150mL
食塩	すりきり6ぱい	すりきり12はい	すりきり18はい
ミョウバン	すりきり2はい	すりきり4はい	すりきり6ぱい

・水の量をふやすと，水にとける物の量も ⑦ ［　　］ ます。

・水の量を2倍にふやすと，水にとける物の量も ⑧ ［　　］ にふえます。

50mLと100mLのときのとける量を比べる。

物のとけ方

物が水にとける量①

練習

▶▶▶ 答えは別さつ13ページ

1：1問10点 **2**：(1) 20点 (2) 20点 (3) 1問10点

1 **食塩とミョウバンのとけ方について，正しいものには○，正しいとはいえないものには×をかきましょう。**

① (　　　) ミョウバンがとける量には限り(かぎ)があるが，食塩のとける量には限りがない。

② (　　　) 決まった量の水にとける食塩の量とミョウバンの量はちがう。

③ (　　　) 水の量をふやすと，水にとける食塩の量やミョウバンの量もふえる。

2 **右の図のように，メスシリンダーに水を入れました。次の問いに答えましょう。**

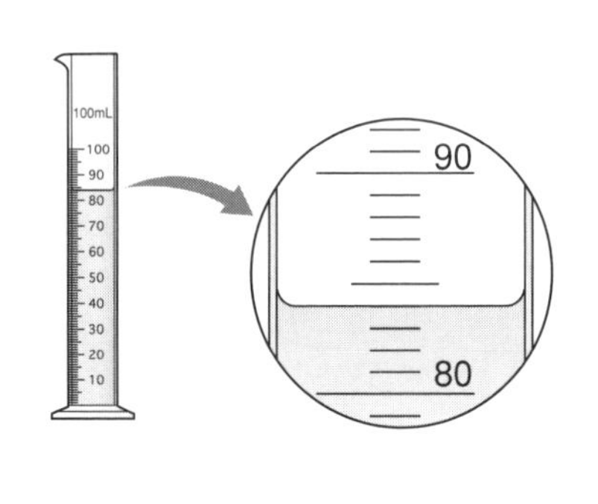

(1) メスシリンダーはどのようなところに置きますか。

(　　　　　　　　　　)

(2) 図では，水が何mL入っていますか。 (　　　　)

(3) メスシリンダーの使い方について説明した次の文の(　)にあてはまることばをかきましょう。

液(えき)はやや(①　　　　　)に入れる。(②　　　　　)から見ながら，(③　　　　　)を使って，はかりとりたい目もりに液面を合わせる。

物のとけ方

物が水にとける量①

▶▶▶ 答えは別さつ13ページ

1：(1) 15点　(2) 1問15点　(3) 15点　**2**：1問20点

1 **右の図は，水(20℃)の量を変えて，食塩・ミョウバンが計量スプーンで何はいとけるかを調べたグラフです。次の問いに答えましょう。**

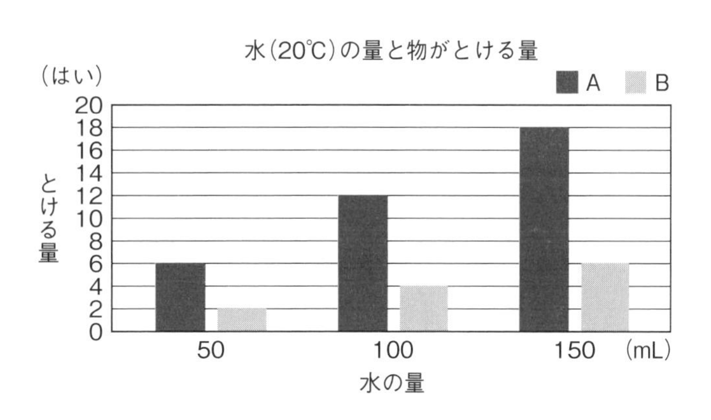

(1) 水の量と物がとける量の関係を調べるとき，同じにする条件(じょうけん)は何ですか。　(　　　　　)

(2) A，Bは，それぞれ食塩・ミョウバンのどちらですか。

A(　　　　　)　B(　　　　　)

◇チャレンジ◇

(3) 200mLの水にAは，計量スプーンで何はいとけますか。　(　　　　　)

2 **20℃の水50mLにはおよそ18gの食塩をとかすことができます。次の問いに答えましょう。**

(1) 20℃の水50mLに28gの食塩を加えてよくかき混(ま)ぜると，およそ何gの食塩がとけ残りますか。　(　　　　　)

(2) (1)にさらに20℃の水50mLを加えてよくかき混ぜると，どうなりますか。ア・イから選びましょう。　(　　)

ア　とけ残りが出る。　　イ　すべてとける。

物のとけ方

物が水にとける量②

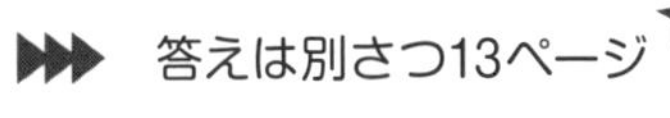

1問25点

水の温度と物がとける量の関係を調べましょう。

●50mLの水にとける量（計量スプーンを使った場合）

水の温度	20℃	40℃	60℃
食塩	すりきり6ぱい	すりきり6ぱい	すりきり6ぱい
ミョウバン	すりきり2はい	すりきり4はい	すりきり11ぱい

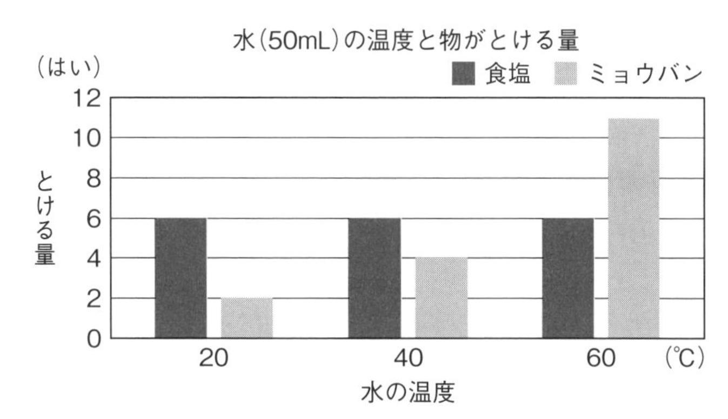

・水の温度と物がとける量の関係を調べるときは，水の ① ［　　］ は同じにします。

調べたい条件以外は同じにする。

・② ［　　］ は，水の温度を上げても，とける量がほとんど変化しません。←ぼうグラフの長さがあまり変わらない。

・③ ［　　］ は，水の温度を上げると，とける量がふえます。

ぼうグラフの長さが大きく変化する。

・水の温度を変化させたとき，水にとける量の変化のしかたは，とかす ④ ［　　］ によってちがいます。

物のとけ方

物が水にとける量②

▶▶▶ 答えは別さつ13ページ

1：(1) 20点　(2) 1問20点　**2**：1問10点

1 右の図は，水(50mL)の温度を変えて，食塩・ミョウバンがそれぞれ計量スプーン何はいとけるかを調べたグラフです。次の問いに答えましょう。

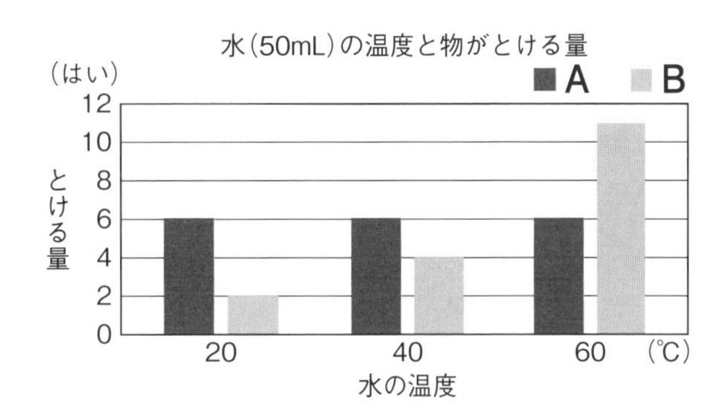

(1) 水の温度と物がとける量を調べるとき，同じにする条件は何ですか。　(　　　　　)

(2) A，Bは，それぞれ食塩・ミョウバンのどちらですか。

A(　　　　　)　B(　　　　　)

2 次の表は，水(50mL)の温度と食塩・ミョウバンがとける量(計量スプーン何はい分か)の関係を表したものです。下の問いに答えましょう。

水の温度	20℃	40℃	60℃
食塩	すりきり6ぱい	すりきり6ぱい	すりきり6ぱい
ミョウバン	すりきり2はい	すりきり4はい	すりきり11ぱい

(1) 食塩とミョウバンを7はいずつ，40℃の水50mLに加えると，とけ残りが出ました。とけ残りはそれぞれ何はい分ですか。

食塩(　　　　　)　ミョウバン(　　　　　)

(2) (1)の水よう液の温度を60℃にすると，とけ残りはそれぞれどうなりますか。

食塩(　　　　　)　ミョウバン(　　　　　)

物のとけ方

とかした物をとり出す①

▶▶▶ 答えは別さつ13ページ

①〜⑤：1問12点　⑥⑦：1問20点

覚えよう

ろ過のしかたを覚えましょう。

●ろ紙の折り方

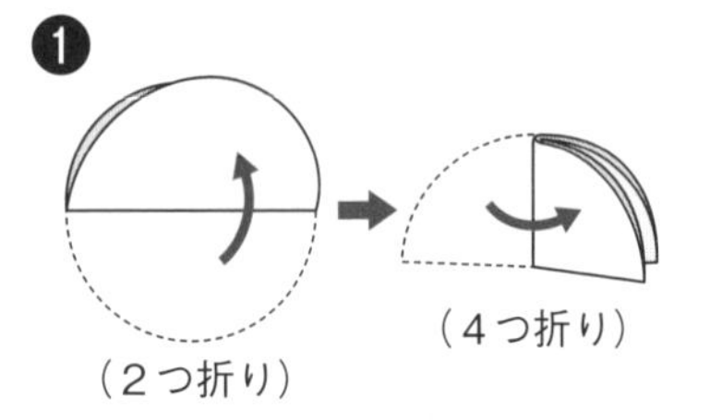

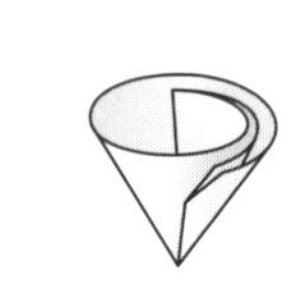

❶ ろ紙を半分に折り，さらに［①　　　］に折ります。

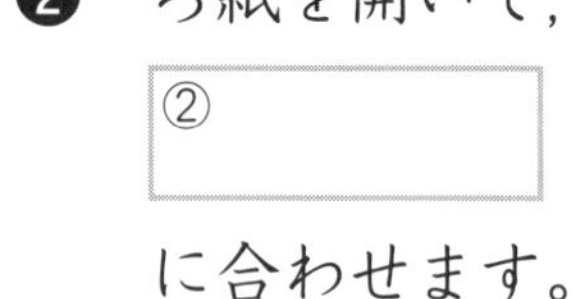

❷ ろ紙を開いて，［②　　　］に合わせます。

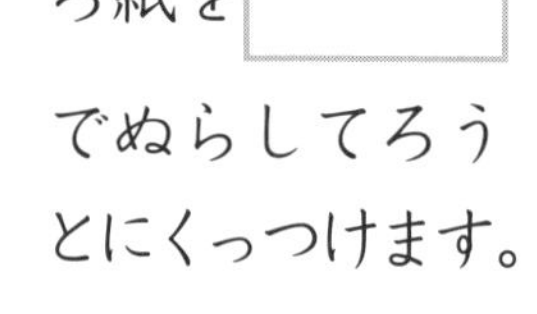

❸ ろ紙を［③　　　］でぬらしてろうとにくっつけます。

●ろ過の注意点

・液は，［④　　　］を伝わらせて，少しずつ入れます。

・ろうとの先の［⑤　　　］方を，ビーカーの内側につけます。

「長い」「短い」で答える。

ガラスぼう
ろうと台

考えよう

ミョウバンの水よう液を冷やしてミョウバンが出てきた液をろ過しました。ろ過した液に，ミョウバンがふくまれているか調べましょう。

❶ ろ過すると，出てきたミョウバンは，［⑥　　　］の上に残ります。

ミョウバンのつぶと液を分ける。

❷ ❶でろ過した液を冷やすと，ミョウバンが［⑦　　　］。

「出てくる」「出てこない」で答える。

物のとけ方
とかした物をとり出す①

▶▶▶ 答えは別さつ14ページ

1：1問10点　2：1問20点

点数　点

1 ミョウバンの水よう液を冷やしてミョウバンが出てきた液をろ紙でこし，ミョウバンと液に分けます。次の問いに答えましょう。

(1) ろ紙でこして，固体と液体に分ける方法を何といいますか。
（　　　　）

(2) 正しい(1)のしかたを，ア～エから選びましょう。　（　　）

ア
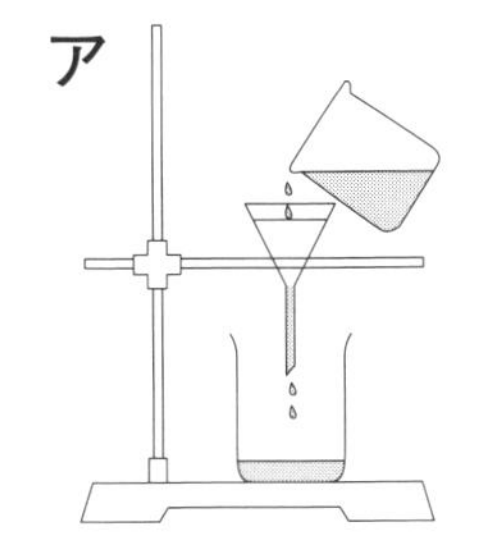

イ
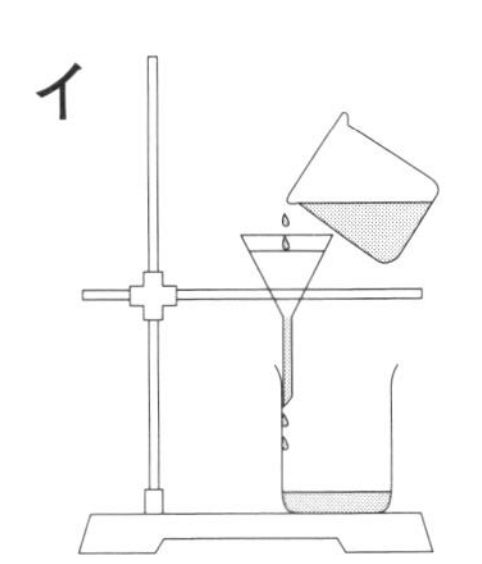

ウ
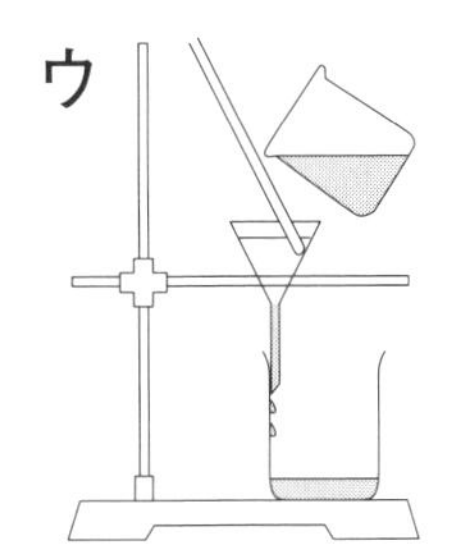

エ
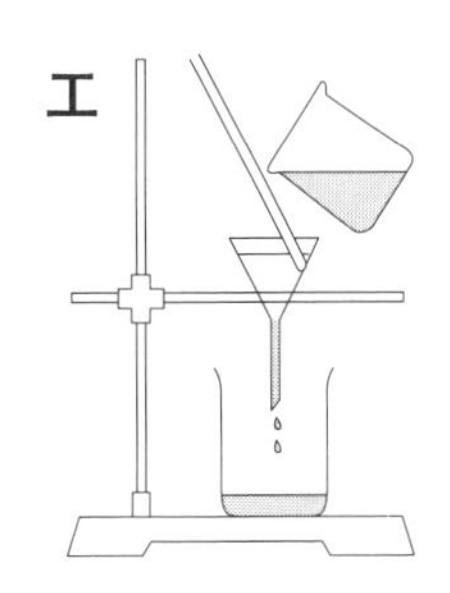

2 温度の高い水にミョウバンをとかした水よう液を，そのまま置いておくと，白いつぶが出てきました。次の問いに答えましょう。

(1) 出てきた白いつぶは何ですか。　（　　　　）

(2) この液をろ過して，ろ過した液を右の図のように冷やしました。どのような変化が見られますか。
（　　　　　　　　）

(3) (2)で変化が見られた液は，水，ミョウバンの水よう液のどちらですか。　（　　　　）

(4) 温度の高い水に食塩をとかした水よう液を，温度が下がるまで置いておくと，白いつぶが出てきますか，出てきませんか。
（　　　　）

物のとけ方

とかした物をとり出す②

▶▶▶ 答えは別さつ14ページ

①〜④：1問10点　⑤〜⑧：1問15点

★考えよう★

食塩水から食塩をとり出す方法を考えましょう。

●食塩水を熱する方法

目に熱い食塩水が入るのを防ぐため。

・液が飛ぶことがあるので，①［　　　　］をつけます。

❶ とけ残りのある食塩水をろ過した液を5mLぐらい②［　　　　］でとり，じょう発皿に入れます。

決まった量の液をはかりとれる。

じょう発皿　食塩水

❷ じょう発皿を熱し，水をじょう発させます。このとき，液がなくなる③［　　　］に火を消します。

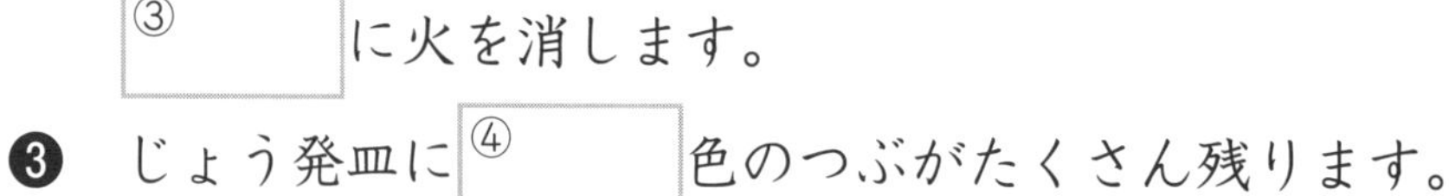

❸ じょう発皿に④［　　　］色のつぶがたくさん残ります。

出てくるのは食塩のつぶ。

●しぜんにじょう発させる方法

❶ 食塩水をペトリ皿に入れ，風通しが⑤［　　　　］，日光がよく⑥［　　　　］ところに置いておきます。

水がじょう発しやすくするため。

❷ 水が⑦［　　　　］して，⑧［　　　　］のつぶが出てきます。

白色のつぶが出てくる。これは何のつぶか答える。

物のとけ方

72 とかした物をとり出す②

練習

▶▶▶ 答えは別さつ14ページ

1：1問20点　**2**：1問20点

点数　　点

1 **右の図のように，ミョウバンの水よう液をじょう発皿にとって熱し，何が残るか調べました。次の問いに答えましょう。**

じょう発皿

ミョウバンの水よう液

(1) この実験で使う水よう液として適当なものを，**ア**・**イ**から選びましょう。

（　　）

ア　なるべくうすい水よう液

イ　とけ残りのある水よう液をろ過した液

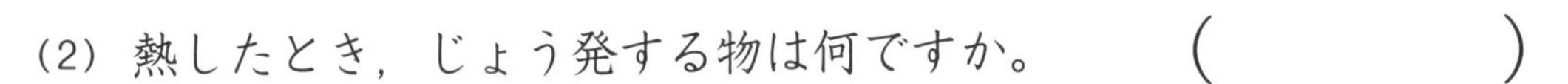

(2) 熱したとき，じょう発する物は何ですか。（　　　　）

(3) 液がほとんどなくなったときのようすを，**ア**～**ウ**から選びましょう。（　　）

ア　黒いつぶが残る。　　**イ**　白いつぶが残る。

ウ　何も残らない。

2 **ペトリ皿に食塩水を入れ，しぜんに水をじょう発させました。次の問いに答えましょう。**

(1) ペトリ皿はどのような場所に置きますか。**ア**～**エ**から選びましょう。（　　）

ア　風通しがよい日なた。　　**イ**　風通しがよい日かげ。

ウ　風通しの悪い日なた。

エ　風通しの悪い日かげ。

(2) あとに残った物を虫めがねで見ると，右の**あ**・**い**のどちらのように見えますか。（　　）

あ　　い

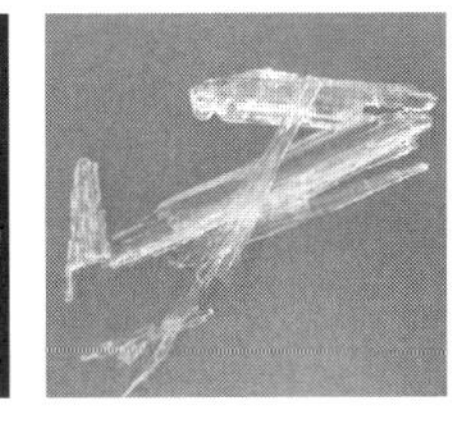

73 物のとけ方のまとめ

▶▶▶ 答えは別さつ14ページ

1：(1) 20点　(2) 20点　(3) 1問20点　**2**：20点

点数　　点

1 右の表は，水の温度と食塩・ミョウバンのとける量の関係を表したものです。次の問いに答えましょう。

50mLの水にとける量

水の温度	10℃	30℃	60℃
食塩	18g	18g	18g
ミョウバン	4g	8g	28g

(1) 10℃の水150mLに，食塩は何gまでとけますか。

（　　　　）

(2) (1)の食塩水の重さは何gですか。ただし，水150mLの重さを150gとします。

（　　　　）

◇チャレンジ◇

(3) 60℃の水50mLに，食塩・ミョウバンをそれぞれとけるだけとかしました。この2つの水よう液(すいえき)の温度を10℃まで下げると，それぞれ何gのつぶが出てきますか。

食塩（　　　　）

ミョウバン（　　　　）

2 水よう液にとけている物をとり出すには，ア～ウのような方法があります。食塩・ミョウバンのどちらの水よう液からも固体をとり出せる方法を，すべて選びましょう。

（　　　　）

ア　水よう液をしぜんにじょう発させる。
イ　水よう液をじょう発皿にとり，熱する。
ウ　水よう液を氷水に入れて冷やす。

勉強した日  月  日

74

物のとけ方のまとめ

どのくだものがとれるかな？

答えは別さつ14ページ

正しい方に進んで，
行きついたくだものに○をつけましょう。

食塩水をじょう発皿にとり，実験用ガスコンロで熱すると…

- 白いつぶが残る → 温度によってとける量が大きく変わるのは…
  - 食塩 → 100gの水に20gの食塩をとかすと，食塩水の重さは…
    - 100g →
    - 120g →
  - ミョウバン → とけ残りのある食塩水をろ過した液は…
    - 食塩水 →
    - 水 →
- 何も残らない → 水の量によって食塩のとける量は…
  - 変わらない → 100gの食塩水をつくるとき，90gの水を使うと，必要な食塩は…
    - 10g →
    - 20g →
  - 変わる → 水よう液の温度を下げると，白いつぶが出てくるのは…
    - ミョウバン →
    - 食塩 →

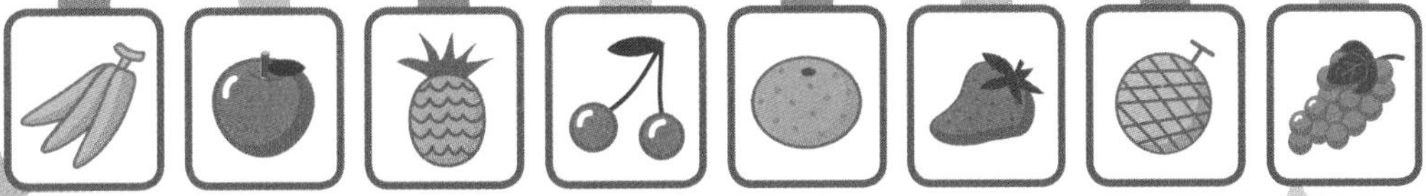

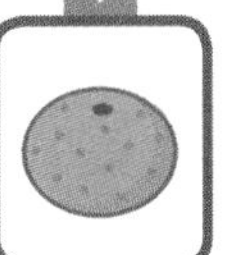

電磁石のはたらき
電磁石の性質

答えは別さつ15ページ

点数　点

①～⑪：1問8点　⑫⑬：1問6点

考えよう

電磁石の性質を調べましょう。

●電磁石のはたらき

・電磁石は，①［　　］が流れている間だけ，磁石のはたらきをもちます。

●電磁石の極

・電磁石には，ぼう磁石のように，N極と②［　　］があります。

方位磁針のS極が引きつけられる極がN極，N極が引きつけられる極がS極。

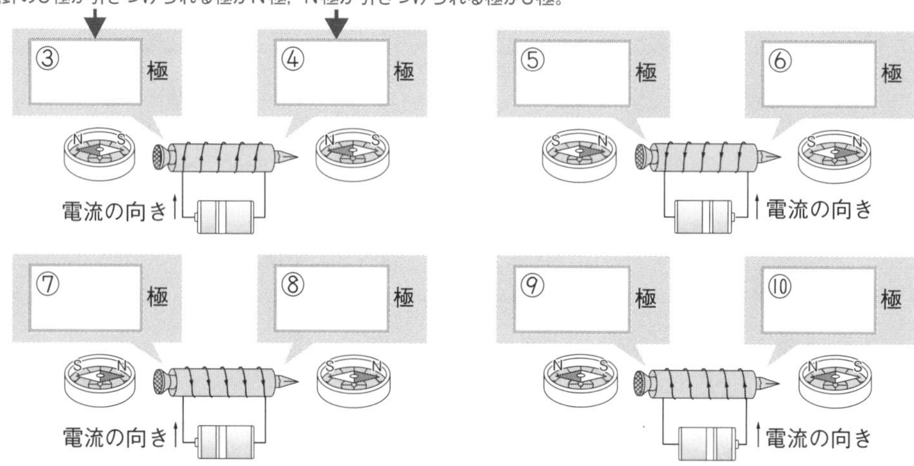

・コイルに流れる電流の向きが反対になると，電磁石の極は⑪［　　］になります。

ことばのかくにん　電磁石に関する次のことばを答えましょう。

・⑫［　　］：導線を同じ向きにまいた物。

・⑬［　　］：コイルに鉄しんを入れ，電流を流している間だけ，鉄しんが磁石のはたらきをもつ物。

電磁石のはたらき

電磁石の性質

▶▶▶ 答えは別さつ15ページ

1：1問15点　**2**：(1) 14点　(2) 1問14点　(3) 1問14点

1 **右の図のように，電磁石(でんじしゃく)を虫ピンに近づけると，鉄しんに虫ピンがつきました。次の問いに答えましょう。**

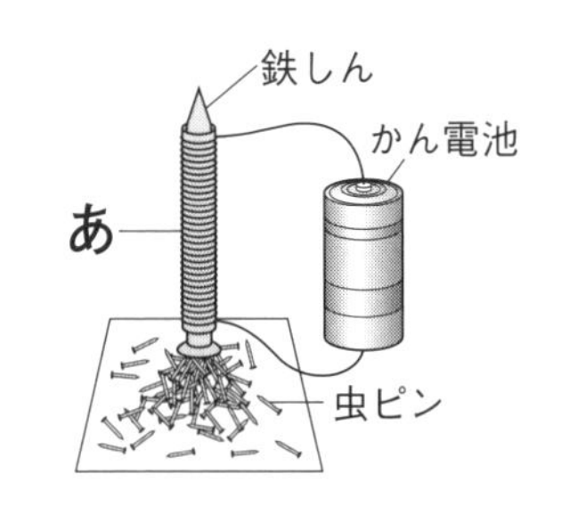

(1) **あ**のように導線(どうせん)を同じ向きにまいた物を，何といいますか。　(　　　　)

(2) かん電池を外すと，虫ピンはどうなりますか。**ア〜エ**から選びましょう。　(　　)

ア　虫ピンは，鉄しんからはなれて落ちる。

イ　鉄しんにつく虫ピンの数がへる。

ウ　鉄しんにつく虫ピンの数がふえる。

エ　変化は見られない。

2 **電磁石に方位磁針(ほういじしん)を近づけると，方位磁針のはりが右の図のように動きました。次の問いに答えましょう。**

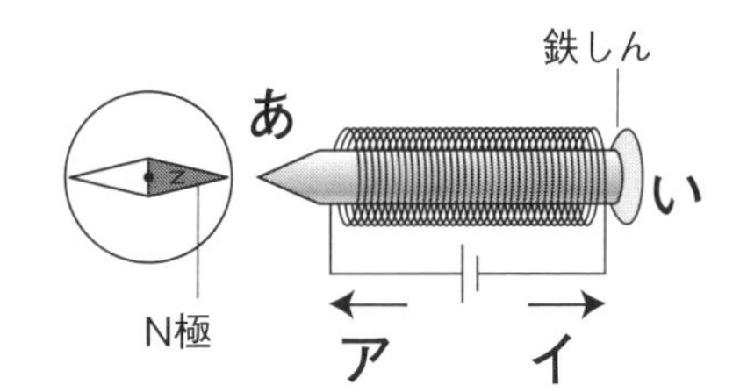

(1) 回路を流れる電流の向きは，**ア・イ**のどちらですか。　(　　)

(2) 鉄しんの**あ・い**の部分は，それぞれ何極になっていますか。

あ(　　　　)　**い**(　　　　)

(3) かん電池の向きを反対にすると，鉄しんの**あ・い**の部分は，それぞれ何極になりますか。

あ(　　　　)　**い**(　　　　)

電磁石のはたらき
電流計の使い方

答えは別さつ15ページ

①〜⑩：1問9点　⑪：10点

点数　　点

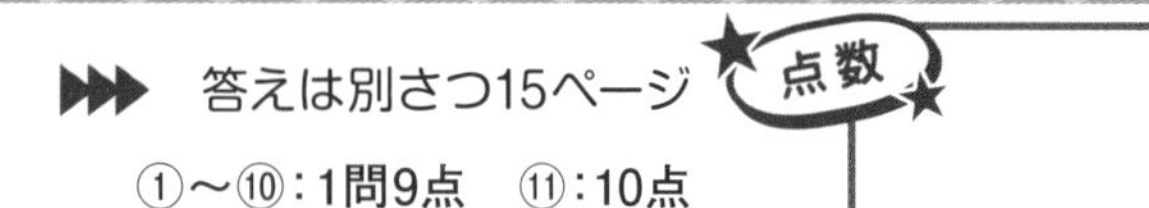

覚えよう！

電流計の使い方を覚えましょう。

●電流計のたんし

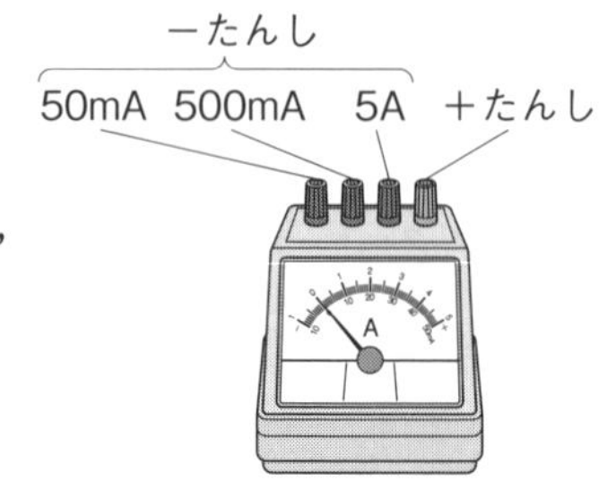

・50mA（ミリアンペア）・500mA・5A（アンペア）の①［　　］たんしと，②［　　］たんしがあります。

500mA＝③［　　］A　50mA＝④［　　］A

1000mA＝1A

●電流計のつなぎ方

・電流計は，電流をはかりたい部分に⑤［　　］につなぎます。

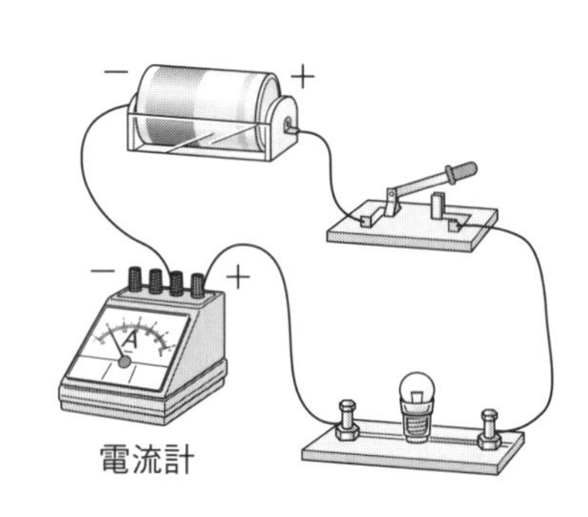

❶　かん電池の＋極（プラスきょく）側につながっている導線（どうせん）を，電流計の⑥［　　］たんしにつなぎます。

❷　かん電池の－極（マイナスきょく）側につながっている導線を，電流計の⑦［　　］Aの－たんしにつなぎます。はりのふれが小さいときは⑧［　　］mAの－たんし，⑨［　　］mAの－たんしの順につなぎかえます。

はりがふりきれて，電流計がこわれるのを防（ふせ）ぐため。

●目もりの読み方

・電流計のはりが目もりいっぱいまでふれたとき，つないだ⑩［　　］たんしの電流の大きさになります。

5Aのたんしにつないだときは5A，500mAのたんしにつないだときは500mA，50mAのたんしにつないだときは50mA。

ことばのかくにん　電流に関することばを答えましょう。

・⑪［　　］：電流の大きさを表す単位。「A」とかきます。

電磁石のはたらき

電流計の使い方

▶▶▶ 答えは別さつ15ページ

1：1問10点 **2**：1問20点

1 電流計の使い方について，次の問いに答えましょう。

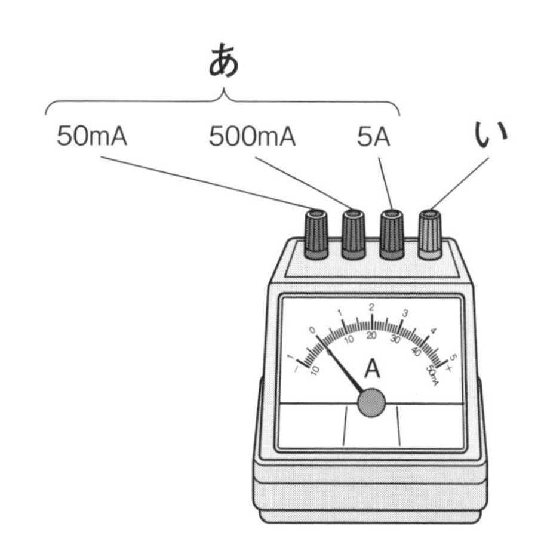

(1) ＋(プラス)たんしは，**あ**・**い**のどちらですか。 (　　)

(2) 電流計は，電流をはかりたい部分に，直列・へい列のどちらになるようにつなぎますか。 (　　　)

(3) **い**のたんしとつなぐ導線(どうせん)は，**ア**・**イ**のどちらですか。 (　　)

ア　かん電池の＋極側につながっている導線。
イ　かん電池の－極(マイナスきょく)側とつながっている導線。

(4) 導線を最初につなぐのは，**あ**の５Ａ・500mA・50mAのどのたんしですか。 (　　　)

2 電流計のはりが右の図のようにふれました。次の①～③の－たんしにつないでいる場合，電流の大きさはそれぞれ何Aになりますか。

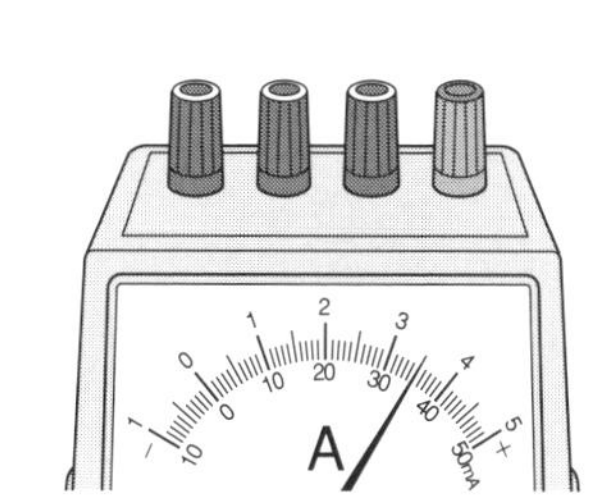

① ５Ａの－たんし (　　　)

② 500mAの－たんし (　　　)

③ 50mAの－たんし (　　　)

電磁石のはたらき

電磁石の強さ①

▶▶▶ 答えは別さつ15ページ

1問20点　　　点

★考えよう★

かん電池の数を変えて，回路に流れる電流の大きさを変化させたときの電磁石(でんじしゃく)の強さを調べましょう。

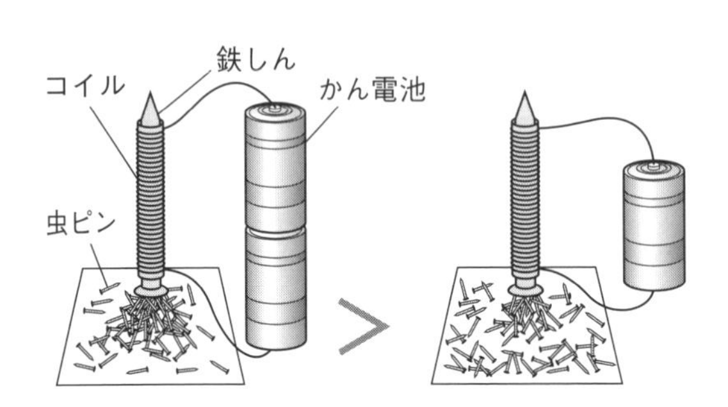

●実験の結果

かん電池の数	1個	2個
電流の大きさ	1.5A	3.0A
引きつけられた虫ピンの数	12本	25本

・電流の大きさと電磁石の強さの関係を調べるときは，コイルのまき数は①［　　　］にします。このほかに導線(どうせん)の長さや太さも同じにしておきます。

↑ 調べたい条件(じょうけん)以外の条件は，すべて同じにする。

●実験の考察

・かん電池1個のときよりも，かん電池2個を②［　　　］につないだときの方が大きい電流が流れました。

↑ かん電池2個をへい列につないでも，流れる電流の大きさは，1個のときと同じ。

↓

・かん電池1個のときよりも電流を大きくすると，引きつけられた虫ピンの数が③［　　　］なりました。

↓

・電流を④［　　　］すると，鉄を引きつける力が強くなるので，電磁石が⑤［　　　］なります。

↑ 電磁石の強さは，引きつけられる虫ピンの数で表される。

電磁石のはたらき

電磁石の強さ①

▶▶▶ 答えは別さつ15 ページ

1問25点

点数 点

1 電流の大きさと電磁石（でんじしゃく）の強さの関係を調べました。下の問いに答えましょう。

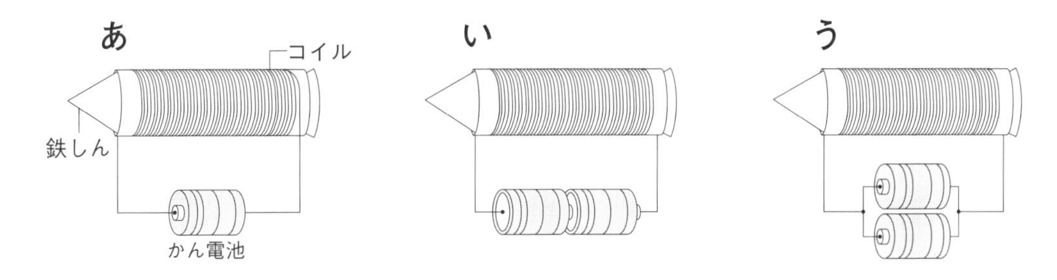

(1) この実験をするとき，**あ**，**い**，**う**のコイルのまき数はどうしますか。
（　　　　　　　）

(2) コイルに流れる電流がいちばん大きいのは，**あ**～**う**のどれですか。
（　　）

(3) 鉄しんに虫ピンを近づけたときのようすを，**ア**～**エ**から選びましょう。
（　　）

ア **あ**，**い**，**う**とも同じぐらいの数の虫ピンが引きつけられる。

イ **あ**に引きつけられる虫ピンの数がいちばん少なく，**い**，**う**には同じぐらいの数の虫ピンが引きつけられる。

ウ **い**に引きつけられる虫ピンの数がいちばん多く，**あ**，**う**には同じぐらいの数の虫ピンが引きつけられる。

エ **う**に引きつけられる虫ピンの数がいちばん多く，**あ**，**い**には同じぐらいの数の虫ピンが引きつけられる。

◇チャレンジ◇

(4) かん電池を１個外しても，虫ピンを引きつけることができるのは，**あ**～**う**のどれですか。
（　　）

電磁石のはたらき

電磁石の強さ②

▶▶▶ 答えは別さつ16ページ

①～④：1問15点　⑤⑥：1問20点

点数　　点

コイルのまき数を変えて，電磁石の強さを調べましょう。

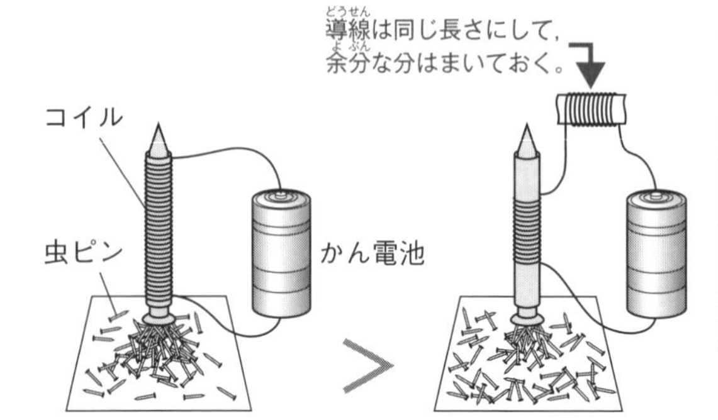

●実験の結果

コイルのまき数	100回	200回
引きつけられた虫ピンの数	12本	24本

・コイルのまき数と電磁石の強さの関係を調べるときは，電流の大きさは ① ［　　　］ にします。このほかに導線の長さや太さも同じにしておきます。

調べたい条件以外の条件は，すべて同じにする。

●実験の考察

・コイルのまき数が ② ［　　　］ ほど，引きつけられる虫ピンの数が多くなりました。

・コイルのまき数が ③ ［　　　］ ほど，鉄を引きつける力が強くなり，電磁石が ④ ［　　　］ なります。

電磁石を強くする方法をまとめましょう。

・コイルを流れる電流 ➡ ⑤ ［　　　］ します。

・コイルのまき数 ➡ ⑥ ［　　　］ します。

このほかに，導線を太くしても電磁石が強くなる。

電磁石のはたらき

電磁石の強さ②

練習

▶▶▶ 答えは別さつ16ページ

1：1問20点 **2**：1問15点

1 コイルのまき数と電磁石（でんじしゃく）の強さの関係を調べます。下の問いに答えましょう。

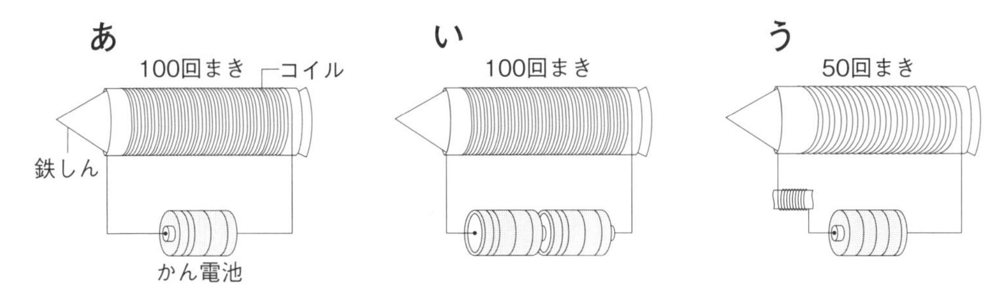

(1) コイルのまき数と電磁石の強さの関係を調べるには，**あ**～**う**のどれとどれを比（くら）べますか。（　　と　　）

(2) 虫ピンを鉄しんに近づけたとき，引きつけられる虫ピンの数が多い方から順に**あ**～**う**をならべましょう。

（　　→　　→　　）

2 電磁石の強さについて，正しいものには○，正しいとはいえないものには×をかきましょう。

① （　　）電流が大きいほど，電磁石が強い。

② （　　）コイルのまき数が少ないほど，電磁石が弱い。

◇チャレンジ◇

③ （　　）コイルにまく導線（どうせん）の太さが細いほど，電磁石が強い。

◇チャレンジ◇

④ （　　）鉄しんのかわりにガラスぼうを入れても，電磁石の強さは変わらない。

電磁石のはたらき

電磁石の利用

理解

答えは別さつ16ページ

①～④：1問10点　⑤～⑨：1問12点

考えよう

モーターが回る理由を考えましょう。

・モーターには，電磁石(でんじしゃく)のまわりに２つの ① があります。

・磁石と電磁石の ② が引き合ったり，しりぞけ合ったりしてモーターが回転します。← ちがう極は引き合い，同じ極はしりぞけ合う。

・流れる電流が大きいほど，電磁石が ③ なり，モーターは ④ 回ります。

●モーターが回るしくみ

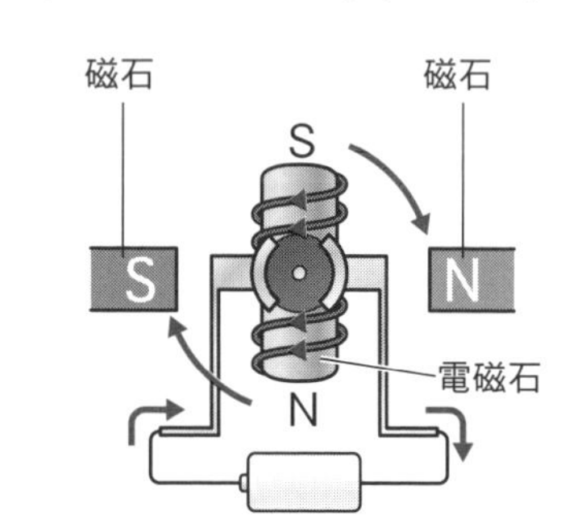

電磁石を使った物を，表にまとめましょう。

道具や機械	はたらき
鉄のかたまりを持ち上げるクレーン	電流を ⑤ すると，大きな鉄のかたまりを持ち上げることができます。電流を流すのをやめると，持ち上げた鉄を ⑥ ことができます。
リニアモーターカー	⑦ の極のしりぞけ合う力や引き合う力を利用して，車両をうかせたり，進めたりします。
ミキサー	⑧ によってカッターを回転させ，食べ物を細かくくだきます。
せんぷう機	⑨ を利用して，はねを回転させ，風を送ります。

勉強した日　　月　　日

電磁石のはたらき
電磁石の利用

▶▶▶ 答えは別さつ16ページ
1問20点

点数　　点

1 **右の図は，モーターのしくみを表したものです。次の問いに答えましょう。**

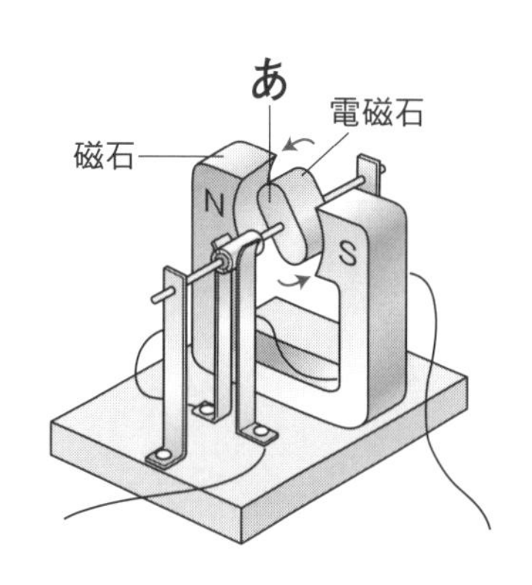

(1) 電磁石(でんじしゃく)が矢印の向きに動くとき，**あ**は何極になっていますか。
（　　　　）

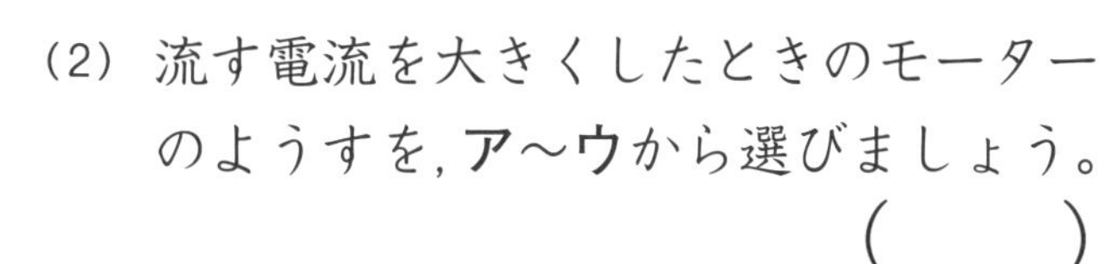

(2) 流す電流を大きくしたときのモーターのようすを，**ア～ウ**から選びましょう。
（　　）

ア　電磁石が弱くなり，モーターはゆっくり回る。
イ　電磁石が強くなり，モーターは速く回る。
ウ　電磁石の強さもモーターの回る速さも変わらない。

2 **ごみしょ理場では電磁石が使われています。次の問いに答えましょう。**

(1) 電磁石を使うと，金ぞくごみの中から何をしゅう集することができますか。
（　　）

(2) 電磁石を使うと，鉄を運ぶことができます。重い鉄のかたまりを運ぶときは，電流の大きさをどうすればよいでしょう。
（　　　　　　　　　　）

(3) 電磁石を使って運んできた鉄をはなすには，どうすればよいでしょう。（　　　　　　　　　　）

85 電磁石のはたらきのまとめ

▶▶▶ 答えは別さつ16ページ

1問20点

1 電磁石(でんじしゃく)に方位磁針(ほういじしん)を近づけると，右の図のようにはりがふれました。次の問いに答えましょう。

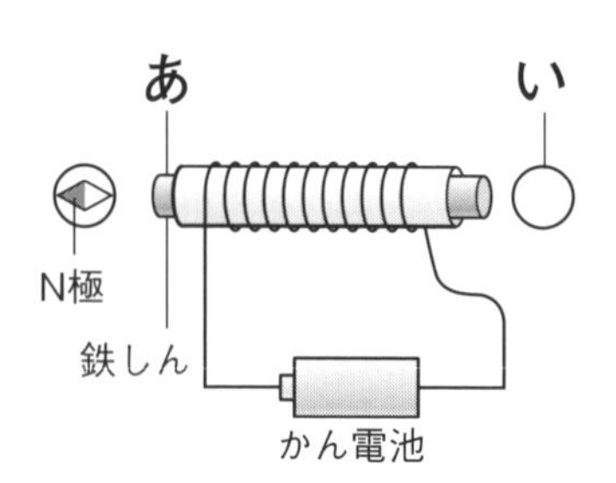

(1) 鉄しんのあの部分は，何極になっていますか。（　　　　）

(2) いの方位磁針のはりは，ア～エのどのようになっていますか。（　　）

ア 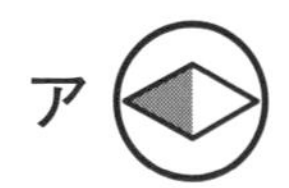　イ 　ウ 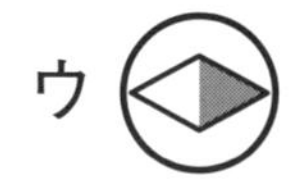　エ 

(3) このとき流れる電流の大きさを電流計ではかろうと思います。電流計は，コイルに直列・へい列のどちらになるようにつなぎますか。（　　　　）

(4) 電流計の500mAの－(マイナス)たんしにつなぐと，右の図のようにはりがふれました。このとき，何Aの電流が流れていますか。（　　　　）

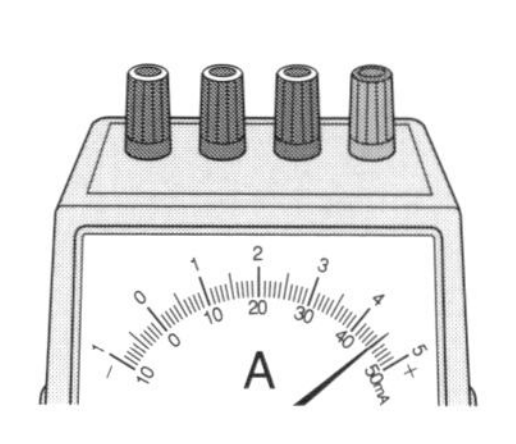

2 電磁石のはたらきがいちばん大きいのはア～ウのどれですか。（　　）

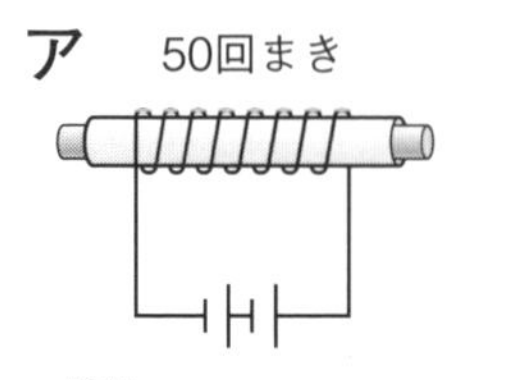

イ 100回まき

ウ 100回まき

※導線(どうせん)の長さと太さはすべて同じである。

小学理科　理科問題の正しい解き方ドリル　5年・別さつ

答えとおうちのかた手引き

天気の変化　雲のようす

▶▶▶本さつ4ページ

覚えよう　①雲　②らんそう雲　③黒
④積らん雲　⑤短(い)

ことばのかくにん　⑥晴れ　⑦くもり

ポイント

らんそう雲〔雨雲〕は，空一面に広がって，雨や雪を長い時間ふらせます。積らん雲〔かみなり雲，入道雲〕は，夏によく見られ，急に大きくなって，かみなりをともなった強い雨をふらせます。

天気の変化　雲のようす

▶▶▶本さつ5ページ

1 (1)晴れ　(2)晴れ　(3)晴れ　(4)くもり

2 (1)午前10時…晴れ　午後2時…くもり
(2)午前10時…エ　午後2時…ウ
(3)午後2時

ポイント

1 空全体を10としたとき，雲の量が0～8のときが晴れ，9～10のときがくもり。

2 (2)(3)黒っぽいらんそう雲が空全体に広がると，多くの場合，すぐに雨がふり出します。高積雲〔ひつじ雲〕がすぐに消えると，晴れることが多いです。

天気の変化　天気の変化の予想

▶▶▶本さつ6ページ

考えよう　①西　②東　③西

ことばのかくにん　④8方位　⑤天気予報
⑥気象衛星〔人工衛星〕
⑦アメダス〔地いき気象観測システム〕

ポイント

日本付近では，雲が西から東へ動いていくため，天気が西から変わっていきます。
気象衛星の雲画像やアメダスの雨量〔降水量〕情報などをもとに，天気予報が行われています。

天気の変化　天気の変化の予想

▶▶▶本さつ7ページ

1 (1)イ　(2)西

2 (1)雲画像　(2)くもりか雨
(3)ウ（→）ア（→）イ

ポイント

1 雲が近づくと天気はくもりや雨になっていきます。日本付近では，雲は西から東の方へ動くことが多いので，天気も西の方から変わっていきます。

2 (2)アの雲画像を見ると，大阪は雲におおわれているので，くもりか雨になります。
(3)雲は西から東の方へ動くので，雲のかたまりに注目してア～ウをならべます。

天気の変化　天気の変化の予想

▶▶▶本さつ8ページ

1 (1)気象衛星〔人工衛星〕　(2)イ，ウ

2 (1)ア　(2)西(から)東

ポイント

1 (2)アメダスの観測場所は，現在，全国におよそ1300か所あります。雨量〔降水量〕などの気象データは自動的に計測され，そのデータをコンピュータでまとめています。

2 (1)4月13日は東京付近に雲がないので晴れ，4月14日は東京付近が雲でおおわれているのでくもりか雨と考えられます。
(2)4月13日には日本列島の西にあった雲が，4月14日には日本列島をおおっています。

天気の変化
天気の変化の予想

練習

▶▶▶ 本さつ9ページ

1 (1)晴れ (2)雨

2 (1)くもりか雨 (2)ウ

3 (1)集中ごう雨 (2)積らん雲 (3)イ

ポイント

1 (1)夕焼けは，西の方の空が晴れているときに見られます。日本の天気は西の方から変わっていくので，夕焼けの次の日は晴れになると考えられます。
(2)日がさ，月がさとは，太陽や月がうすい雲でおおわれ，ぼんやり見えることです。この雲はけんそう雲〔うす雲〕とよばれ，この雲が出てくると，その後らんそう雲〔雨雲〕が広がり，雨になることが多いです。

2 (2)雲画像の左の方（ア）が西，右の方（ウ）が東になっています。

3 (2)積らん雲が同じ場所で次々と発生し，発達することで集中ごう雨が起こります。また，数十分の短い時間で，積らん雲が大きくなって，10km 四方ぐらいのせまい地いきに，はげしい雨がふることを，局地的大雨といいます。
(3)集中ごう雨によって，こう水やがけくずれなどの災害が引き起こされます。

天気の変化のまとめ

▶▶▶ 本さつ10ページ

1 (1)晴れ (2)エ (3)イ

2 (1)西
(2)(例)日本付近では，天気は西の方から変わっていくから。

ポイント

1 (1)空全体を 10 としたとき，雲の量が 0 〜 8 のときは晴れになります。
(3)らんそう雲が広がってくると，広いはんいに雨がふります。雲は，西から東へ動くことが多いので，西の方に見られた黒っぽい雲（らんそう雲）が動いてきて，今後，くもりや雨になると考えられます。

2 (1)夕焼けは，夕方見られます。太陽は，夕方西の空にあるので，夕焼けも西の空で観察されます。
(2)西の空に雲がほとんどないので，次の日は雲があまり見られないと考えられます。

天気の変化のまとめ
お天気○×クイズ

▶▶▶ 本さつ11ページ

スタート
空全体を10としたとき，雲の量が7の天気は晴れ。
山にかさがかかると，雨。
雲の動く向きは，西から東。
雨雲が広がるとすぐ雨。
天気は西から変わる。
夕焼けの次の日は晴れ。

植物の発芽と成長
発芽の条件

理解

▶▶▶ 本さつ12ページ

考えよう ①同じ ②温度 ③空気 ④する ⑤しない ⑥暗い ⑦水 ⑧空気 ⑨しない ⑩する ⑪温度 ⑫水 ⑬しない ⑭する

ポイント

1つの条件について調べるときは，調べる条件以外は，同じになるようにします。
水について調べるときは，同じにする条件は温度と空気です。温度について調べるときは，同じにする条件は，水と空気ですが，冷ぞう庫の中は暗いので，もう一方の容器も暗いところに置きます。空気について調べるときは，同じにする条件は，温度と水です。
種子の発芽には，水，空気，適当な温度の 3 つの条件が必要です。

植物の発芽と成長
発芽の条件

練習

▶▶▶ 本さつ13ページ

1 (1)発芽 (2)空気，温度 (3)水

2 (1)ア (2)空気 (3)水，空気，適当な温度

ポイント

1 (2)図で変えている条件は水なので，空気と温度は同じになるようにします。
(3)水をあたえない種子は発芽しなかったので，発芽には水が必要です。

2 (2)アは種子が空気とふれていますが，イは種子が空気にふれていません。このとき，調べた条件は空気です。

11 植物の発芽と成長 発芽の条件

▶▶▶ 本さつ14ページ

1 (1)ア，イ，エ　(2)適当な温度

2 ①×　②○　③×　④×

ポイント

1 (1)温度以外の条件は，すべて同じになるようにします。

2 水，空気，適当な温度の3つの条件がそろわないと，インゲンマメの種子は発芽しません。①は水，③は空気，④は適当な温度がそれぞれ不足しています。

12 植物の発芽と成長 発芽の条件

▶▶▶ 本さつ15ページ

1 (1)ア，ウ　(2)イ，ウ　(3)ア，イ

2 (1)ア，エ　(2)ア（と）イ　(3)ア（と）ウ

ポイント

1 (1)は水，(2)は空気，(3)は温度以外の条件を同じにします。

2 (1)水，空気，適当な温度の3つの条件がそろっているものをさがします。
(2)水をあたえたもの(ア)と，あたえなかったもの（イ）で比べます。
(3)種子が空気にふれているもの（ア）と，ふれていないもの（ウ）で比べます。

13 植物の発芽と成長 種子の発芽と養分

▶▶▶ 本さつ16ページ

考えよう ①ヨウ素液　②なる　③ある　④ヨウ素液　⑤ならない　⑥ない　⑦でんぷん　⑧子葉

ことばのかくにん ⑨ヨウ素液　⑩子葉

ポイント

インゲンマメの種子の子葉にはでんぷんがふくまれていて，種子が発芽するときに使われます。このため，発芽前の子葉を横に切ってヨウ素液をつけると，青むらさき色に変わりますが，発芽後の子葉を横に切ってヨウ素液をつけても，色はあまり変わりません。

14 植物の発芽と成長 種子の発芽と養分

▶▶▶ 本さつ17ページ

1 (1)ア…(例)青むらさき色に変わる。
イ…(例)色の変化はあまり見られない。
(2)ア

2 (1)あ　(2)子葉　(3)い　(4)イ

ポイント

1 ヨウ素液にひたしたとき，青むらさき色に変わる部分には，でんぷんがふくまれています。

2 (4)発芽後は，植物は自分で養分をつくることができます。

15 植物の発芽と成長 植物の成長と養分

▶▶▶ 本さつ18ページ

考えよう ①ふくまない　②少なく　③小さい　④太く　⑤少なく　⑥黄〔うすい緑〕　⑦肥料　⑧日光〔光〕　⑨⑩水，空気

ポイント

イはよく育ちますが，アは育ちが悪く，ウはやがてかれてしまいます。アは水，イは肥料をとかした水をあたえていて，それ以外の条件は同じです。そのため，植物がよく成長するには肥料が必要なことがわかります。また，イは日光を当てていて，ウは日光を当てていません。それ以外の条件は同じです。よって，植物がよく成長するには日光が必要なことがわかります。

16 植物の発芽と成長 植物の成長と養分

▶▶▶ 本さつ19ページ

1 ①○　②○　③○　④×

2 (1)ア　(2)ウ　(3)ア（と）ウ
(4)ア（と）イ

ポイント

1 ④おおいをとって日光を当てるようにすると，なえの育ちがよくなるので，正しいとはいえません。

2 (1) 植物がよく成長するには，発芽に必要な３つの条件以外に，日光と肥料が必要です。イは肥料，ウは日光が不足しているので，なえの成長が悪くなります。

17 植物の発芽と成長のまとめ

本さつ20ページ

1 (1)ア，ウ，オ

(2)イ，エ

2 (1)ヨウ素液

(2)青むらさき色

(3)子葉

(4)右の図

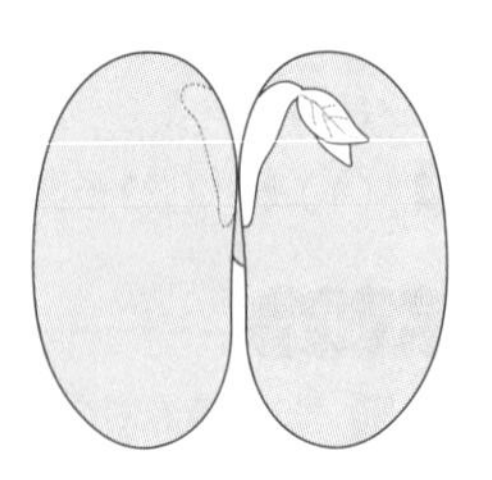

ポイント

1 (1) 種子の発芽には，子葉にふくまれるでんぷんが使われるので，肥料や日光は必要ありません。

2 インゲンマメの種子にヨウ素液をつけると，でんぷんがふくまれる子葉の部分が，青むらさき色に変わります。

18 植物の発芽と成長のまとめ ジグソーパズル

本さつ21ページ

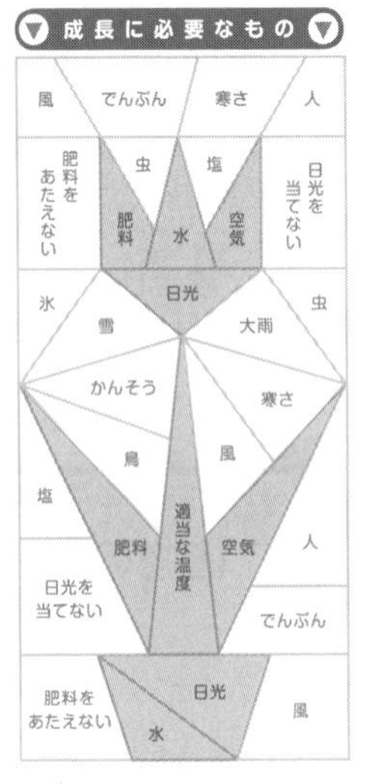

19 魚のたんじょう メダカの飼い方

本さつ22ページ

覚えよう ①当たらない ②くみ置き〔池や川〕 ③同じ ④半分 ⑤くみ置き〔池や川〕 ⑥ない ⑦短い ⑧ある ⑨平行四辺形

ポイント

日光が水そうに直接当たると，水があたためられてしまいます。おすからのしげきによって，めすがたまごをうむため，めすとおすをいっしょに飼います。

20 魚のたんじょう メダカの飼い方

練習

本さつ23ページ

1 ①× ②○ ③× ④× ⑤×

2 (1)めす…イ おす…ア

(2)めす…ウ おす…エ

ポイント

1 ①日光が直接当たらない，明るい場所に置きます。③めすだけでは，たまごをうみません。④めすがたまごをうみつけるように，水そうには水草を植えます。⑤半分ぐらいの水をくみ置きの水と入れかえます。

2 (1) めすのせびれには切れこみがありませんが，おすは切れこみがあります。
(2) めすのしりびれは後ろの方が短くなっていますが，おすは平行四辺形に近い形をしています。

21 魚のたんじょう メダカのたまごの育ち方

本さつ24ページ

覚えよう ①当たらない ②目 ③右目 ④左目 ⑤接眼レンズ ⑥対物レンズ ⑦養分

ことばのかくにん ⑧受精 ⑨受精卵

ポイント

そう眼実体けんび鏡は，厚みのある物を立体的に見るのに適していて，両方の目で，接眼レンズをのぞきます。まず右目で見て，調節ねじを回してピントを合わせます。次に，左目でのぞきながら，左のつつにある視度調節リングを回して，はっきり見えるように調節します。

22 魚のたんじょう メダカのたまごの育ち方

本さつ25ページ

1 (1)ア…接眼レンズ　イ…視度調節リング

ウ…調節ねじ　エ…対物レンズ

(2)イ

2 (1)イ→ウ→ア　(2)①養分　②食べない

ポイント

1 (2)5～10倍（ア）は虫めがねの倍率，40～600倍（ウ）はけんび鏡の倍率です。

2 (1)イはうまれたばかりのたまごで，水草などにつくために長い毛のような物が見られます。受精すると，たまごの中で，少しずつメダカのからだができていきます。

(2)メダカのたまごの中には，養分がふくまれていて，これを使って成長していきます。かえったばかりの子メダカのはらにあるふくろの中には，残った養分が入っていて，2～3日はこれを使って育ちます。

23 魚のたんじょうのまとめ

本さつ26ページ

1 (1)右の図

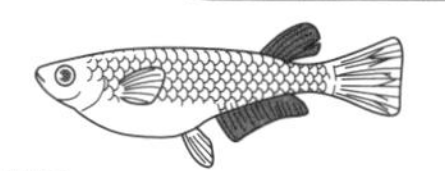

(2)おす

2 (1)（例）日光が直接当たらない，水平で明るいところ。

(2)①○　②×　③○

(3)（例）はらにあるふくろの中の養分を使って育つから。

ポイント

1 (1)メダカのめすとおすは，せびれとしりびれで見分けます。

(2)メダカのめすのせびれには切れこみがありませんが，おすのせびれには切れこみがあります。メダカのめすのしりびれは後ろの方が短くなっていますが，おすのしりびれは平行四辺形に近い形をしています。

2 (1)日光が直接当たるところでそう眼実体けんび鏡を使うと，目をいためてしまいます。

(2)②たまごが育っても，たまごの大きさはほとんど変わりません。

(3)かえったばかりの子メダカのはらには養分の入ったふくろがあるので，2～3日は何も食べません。

24 魚のたんじょうのまとめ メダカの育ち暗号ゲーム

本さつ27ページ

答え　メダカの せいちょう

25 花から実へ 花のつくり

本さつ28ページ

覚えよう　①おばな　②めばな　③おしべ　④めしべ

考えよう　⑤めしべ　⑥おしべ　⑦アサガオ　⑧ヘチマ

ことばのかくにん　⑨めばな　⑩おばな　⑪花粉　⑫受粉

ポイント

ヘチマは，めしべのあるめばなとおしべのあるおばなの2種類の花がさきます。アサガオは，1つの花の中にめしべとおしべの両方があります。おしべの先では花粉がつくられ，花粉がめしべの先につくことで，受粉が行われます。

26 花から実へ 花のつくり

本さつ29ページ

1 (1)ア…おばな　イ…めばな

(2)ウ…おしべ　エ…めしべ　(3)エ

(4)エ

2 (1)めしべ…ア　おしべ…エ　(2)花粉

(3) 受粉

ポイント

1 (1) おしべがあり，めしべがない花がおばな，めしべがあり，おしべがない花がめばなです。
(2) ヘチマのめしべのもとの方はふくらんでいて，長くなっています。
(3) 花粉（かふん）がつきやすいように，ヘチマのめしべの先はねばねばしています。
(4) 受粉（じゅふん）すると，めしべのもとの方が成長して実になります。

2 (1) ふつう，1つの花の中心には1本のめしべがあり，そのまわりを数本のおしべがとり囲んでいます。さらにその外側を，花びら，がくが順にとり囲んでいます。
(2) おしべの先にあるふくろをやくといい，ここで花粉がつくられます。

27 花から実へ けんび鏡の使い方①

▶▶▶ 本さつ30ページ

覚えよう ①接眼（せつがん）レンズ　②対物レンズ　③反しゃ鏡　④当たらない　⑤低い　⑥接眼レンズ　⑦反しゃ鏡　⑧プレパラート　⑨横　⑩調節ねじ　⑪近づけ　⑫遠ざけて〔はなして〕

ポイント

対物レンズと接眼レンズを通ると，光がとても強くなるので，けんび鏡は直接（ちょくせつ）日光が当たるところでは絶対（ぜったい）に使わないようにします。
けんび鏡で観察するときは，はじめは低い倍率（ばいりつ）で観察し，必要なときは倍率を高くします。ピントを合わせるときは，対物レンズとプレパラートがぶつからないように，横から見ながら対物レンズとプレパラートをできるだけ近づけてから，接眼レンズをのぞきながら少しずつ遠ざけます。

28 花から実へ けんび鏡の使い方①

▶▶▶ 本さつ31ページ

1 (1) イ
(2) あ…接眼レンズ　い…レボルバー
う…対物レンズ　え…反しゃ鏡

2 イ（→）ア（→）ウ（→）エ

ポイント

1 (2) けんび鏡で観察するとき，目の近くにあるレンズが接眼レンズ，ステージ（のせ台）の上にあるのが対物レンズです。

2 対物レンズとプレパラートを近づけながらピントを合わせると，対物レンズとプレパラートがぶつかって，対物レンズをこわしてしまうことがあります。

29 花から実へ けんび鏡の使い方②

▶▶▶ 本さつ32ページ

覚えよう ①②接眼レンズ，対物レンズ　③真ん中〔中央〕　④レボルバー　⑤対物レンズ　⑥調節ねじ　⑦逆〔反対〕　⑧逆〔反対〕　⑨アーム　⑩下

ポイント

倍率を高くすると，見えるはんいがせまくなるので，観察したい物が真ん中にくるようにしてから，レボルバーを回して，倍率の高い対物レンズに変えます。
けんび鏡で観察するとき，ふつう実際（じっさい）とは上下左右が逆に見えます。このため，観察したい物を動かすときは，動かしたい向きとは逆向きに，プレパラートを動かします。

30 花から実へ けんび鏡の使い方②

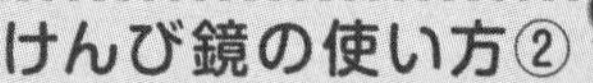

▶▶▶ 本さつ33ページ

1 (1) ア…接眼レンズ　イ・ウ…対物レンズ
(2) イ　(3) 100倍　(4) レボルバー

2 (1) 150倍　(2) エ

ポイント

1 (2) はじめは低い倍率で観察し，くわしく調べたいときは，観察したい物を真ん中にした後，レボルバーを回して高い倍率の対物レンズに変えます。
(3) このときは，10倍の接眼レンズと10倍の対物レンズを使っているので，けんび鏡の倍率＝接眼レンズの倍率×対物レンズの倍率より，10×10＝100(倍)。

2 (1) 15倍の接眼レンズと10倍の対物レンズを使っているので，15×10＝150(倍)。
(2) 花粉を右上の方に動かしたいので，プレパラートは左下の方に動かします。

花から実へ

31 花粉のはたらき

▶▶▶本さつ34ページ

考えよう ①めばな ②花粉(かふん) ③できる ④できない ⑤花粉

覚えよう ⑥受粉(じゅふん) ⑦めしべ ⑧種子 ⑨種子

ポイント

ヘチマのめばなには，おしべがありません。このため，めばなのつぼみに紙のふくろをかぶせておくと，花がさいても，花粉が運ばれてこないために，受粉が行われません。
花が開いたとき，めしべの先に花粉をつけた後，ふくろをかぶせた方は，めしべのもとの部分が実になります。
ヘチマの実の中にはたくさんの種子が入っていて，種子によって新しい生命が生まれていきます。

花から実へ

32 花粉のはたらき

▶▶▶本さつ35ページ

1 (1)めばな (2)ウ (3)イ (4)受粉 (5)種子

ポイント

1 (1)この実験は，花粉のはたらきによって実ができるかどうかを調べるものです。成長して実になるのは，めばなにあるめしべのもとの部分です。このため，めばなのつぼみにふくろをかぶせます。
(2)ヘチマの花粉は，こん虫によって運ばれます。ふくろをかぶせておくと，こん虫がめしべに近づけないので，受粉が行われません。
(3)(4)受粉が行われないと，めしべのもとの部分は実にならないで，かれてしまいます。

花から実へ

33 花粉の運ばれ方

▶▶▶本さつ36ページ

覚えよう ①こん虫 ②風 ③こん虫 ④花びら ⑤軽く ⑥空気

ポイント

こん虫によって運ばれる花粉や風によって運ばれる花粉などがあります。こん虫によって運ばれる花粉をつくる植物の花は，こん虫が寄(よ)ってくるように，目立つ色をしていたり，よいにおいがしたり，みつを出したりします。これに対して，風によって運ばれる花粉をつくる植物の花は，目立たないものが多く，花びらをもたないものもあります。

花から実へ

34 花粉の運ばれ方

▶▶▶本さつ37ページ

1 ①△ ②○ ③△ ④△ ⑤○

2 (1)ア，ウ (2)イ，エ (3)めしべの先

ポイント

1 こん虫によって運ばれる花粉は，こん虫のからだにつきやすいように，ねばねばしていたり，表面にとげがついていたりします。風によって運ばれる花粉は，風に飛ばされやすいように，軽いものが多く，空気の入ったふくろのついたものも見られます。

2 アはトウモロコシ，イはカボチャ，ウはマツ，エはツツジの花粉です。トウモロコシの花粉は軽く，カボチャの花粉は表面にとげがあります。マツの花粉には空気の入ったふくろがあり，ツツジの花粉には，ねばねばした糸のようなものがついています。

35 花から実へのまとめ

▶▶▶本さつ38ページ

1 (1)めしべ…ウ おしべ…ア (2)ア (3)こん虫 (4)う

2 (1)受粉 (2)ア

ポイント

1 (1)アはおしべ，イはがく，ウはめしべ，エは花びらです。
(3)アブラナの花粉はこん虫によって運ばれるため，花びらがあざやかな黄色をしていて，めしべのつけねからみつを出します。
(4)アサガオの花は，1つの花の中にめしべとおしべがあります。カボチャ（あ）やトウモロコシ（い）は，めばなとおばなに分かれています。

2 (2)アは受粉が行われていますが，イは受粉が行われていません。

36 花から実へのまとめ ヘチマのたわしをつくれるのはだれ？

▶▶▶本さつ39ページ

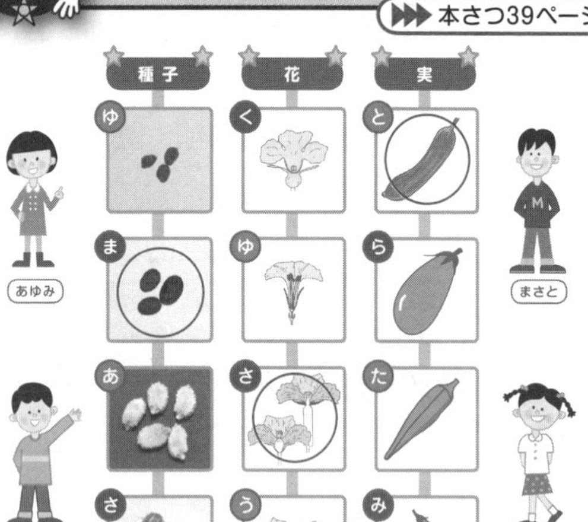

ヘチマのたわしをつくれるのは **まさと** さん

37 台風と天気の変化 台風と天気の変化

▶▶▶本さつ40ページ

覚えよう ①中心　②予報円　③夏　④秋

⑤雨　⑥風　⑦南　⑧西　⑨東

ことばのかくにん ⑩予報円

ポイント

台風は，日本の南の海上で発生し，西の方へ動いていきますが，夏から秋にかけては，東の方へ向きを変え，日本付近に近づいてきます。天気予報では，台風は強さと大きさで表されます。

38 台風と天気の変化 台風と天気の変化

▶▶▶本さつ41ページ

1 (1)う　(2)予報円　(3)あ

(4)①ア　②エ

2 ①○　②○　③×

ポイント

1 (2)「い」は，風速25m（秒速）以上になると考えられるはんいです。

2 ③梅雨のころは，雨がふり続き，日光が当たりにくいため，野菜の育ちが悪くなることがあります。

39 台風と天気の変化 台風と天気の変化

▶▶▶本さつ42ページ

1 (1)ア　(2)イ　(3)う

(4)（例）水不足を解消する。

ポイント

1 (2)日本の上空には，西から東へ向かう強い空気の流れがあるため，台風も日本に近づくと東へ向きを変えます。

40 台風と天気の変化のまとめ

▶▶▶本さつ43ページ

1 ①○　②×　③×

2 (1)雲画像

(2)気象衛星〔人工衛星〕　(3)イ

(4)ア，ウ

ポイント

1 ②台風の強さは，中心付近の最大風速で表されます。③台風は，ふつう初めは西の方へ動き，その後東の方へ動きます。

2 (4)つなみは，地しんのときに生じる高い波です。地われは，地しんのときに見られる地面のさけ目です。

41 流れる水のはたらき 流れる水のはたらき

▶▶▶本さつ44ページ

覚えよう ①大きい　②小さい　③大きい

④小さい　⑤小さい　⑥大きい

⑦大きい　⑧小さい　⑨大きい　⑩小さい

ことばのかくにん ⑪しん食　⑫運ぱん　⑬たい積

ポイント

流れる水が地面をけずるはたらきをしん食，土や石を運ぶはたらきを運ぱん，土や石を積もらせるはたらきをたい積といいます。

水の流れが速いところでは，しん食や運ぱんがさかんに行われます。水の流れがおそいところでは，たい積がさかんに行われます。

流れる水の量が多いほど，しん食や運ぱんがさかんに行われます。

流れる水のはたらき

流れる水のはたらき

▶▶▶ 本さつ45ページ

1 (1)ウ　(2)イ　(3)ア

2 (1)ア　(2)イ

(3)①しん食，運ぱん　②たい積

ポイント

1 土地がしん食されてできた土や石などは，流れる水によって運ぱんされ，流れがゆるやかなところにたい積します。

2 (3) 水の流れが速いところでは，しん食がさかんに行われ，できた土や石などがさかんに運ぱんされます。そして，流れがおそくなったところにたい積します。

流れる水のはたらき

川のようす

▶▶▶ 本さつ46ページ

覚えよう ①せまい　②広い　③大きい　④小さい　⑤速い　⑥おそい　⑦角ばった　⑧大きい　⑨まるい　⑩小さい　⑪しん食　⑫たい積

ポイント

山の中を流れているときは，土地が大きくかたむいているため，水の流れが速く，川底が深くけずられ，川はばがせまくなっています。川原(かわら)には，角ばった大きな石がたくさん見られます。

海の近くは，土地があまりかたむいていないので，流れはとてもゆるやかになり，川はばが広くなります。川原には，流されてきた土やまるい小石などが積もります。

平地を流れる川のようすは，山の中と海の近くの中間になります。

流れる水のはたらき

川のようす

▶▶▶ 本さつ47ページ

1 (1)ウ (→) イ (→) ア　(2)ア　(3)ア

(4)①○　②×　③○

2 ア

ポイント

1 (3) 土地が大きくかたむいているところほど，水の流れが速くなります。

(4) ②平地を流れているときは，水の流れが速いところではしん食と運ぱん，水の流れがゆるやかなところではたい積がさかんに行われています。

2 角ばった形をしているので，山の中の川原の石であると考えられます。平地や海の近くの川原の石は，運ばれるとちゅうで，石どうしがぶつかったり，川底にぶつかったりして，角がとれてまるくなっています。

45

流れる水のはたらき

川の水のはたらき

▶▶▶ 本さつ48ページ

覚えよう ①おそい　②速い　③たい積　④しん食　⑤浅い　⑥深い　⑦川原　⑧がけ

ポイント

流れが曲がっているところでは，外側の流れがいちばん速く，内側にいくほど流れがおそくなります。

このため，外側ではしん食がさかんに行われ，岸がけずられてがけになっています。内側ではたい積がさかんに行われ，すなや小石が積もって川原になります。

流れる水のはたらき

川の水のはたらき

▶▶▶ 本さつ49ページ

1 ①○　②×　③×　④○

2 (1)ア　(2)ウ　(3)ア　(4)い

ポイント

1 ②③流れが曲がっているところでは，流れの外側に近いほど流れが速くなるため，外側の方が川底が深く，内側の岸には川原が広がり，外側の岸はがけになっています。

2 (1) 曲がった流れの外側は，内側よりも水が移動するきょりが大きいので，水の速さが速くなります。

(3) 水の流れが速いところの川底には，運ばれてきた大きな石が見られます。

流れる水のはたらき

47 川の流れと災害

▶▶▶ 本さつ50ページ

覚えよう ①大きい ②しん食 ③平地
④たい積 ⑤海〔河口〕 ⑥たい積
⑦多く ⑧速く ⑨大きく ⑩さ防ダム

ポイント

土地のかたむきが大きい山の中では，水の流れが速く，しん食がさかんに行われ，川岸が深くけずられてＶの字の形をした谷ができます。このような谷をＶ字谷といいます。
川が山から平地に流れ出すところでは，水の流れが急にゆるやかになるので，川の水は，小石やすなななどを運ぶことができません。そのため，たい積がさかんに行われ，おうぎ形の地形ができます。このような地形を扇状地といいます。
川が平地から海にそそぐところでは，水の流れがとてもおそくなるため，運ぱんされてきたすなやどろなどがたい積し，三角形に積もります。このような地形を三角州といいます。

流れる水のはたらき

48 川の流れと災害

▶▶▶ 本さつ51ページ

1 (1)イ　(2)ア　(3)①イ，ウ　②ア

2 (1)ア　(2)大きくなる。　(3)さ防ダム

ポイント

1 (2) 土地のかたむきが大きい山の中では，水がとても速く流れ，しん食のはたらきが大きいので，両岸がけずられてしまい，川原はほとんど見られません。

2 (2) 大雨がふると，川の水の量がふえるので，流れる水のはたらきが大きくなります。

49 流れる水のはたらきのまとめ

▶▶▶ 本さつ52ページ

1 (1)C (→) B (→) A　(2)イ　(3)C
(4)しん食　(5)い

ポイント

1 (2) 水の流れが速いところほど，しん食がさかんなため，川底が深くけずられます。
(5) 水の流れがいちばん速いＣの近くの「い」の岸がけずられるので，それを防ぐために，「い」の岸にてい防をつくります。

流れる水のはたらきのまとめ

50 川下りゲーム

▶▶▶ 本さつ53ページ

ふりこ

51 ふりこ

▶▶▶ 本さつ54ページ

考えよう ①変わらない〔同じ〕
②変わらない〔同じ〕 ③長い
ことばのかくにん ④ふりこ

ポイント

ふりこが１往復する時間は，ふりこの長さによって変わり，おもりの重さやふれはばによっては変化しません。ふりこの長さが長いほど，ふりこが１往復する時間が長くなります。

ふりこ

52 ふりこ

▶▶▶ 本さつ55ページ

1 (1)イ　(2)イ

2 (1)①ア（と）イ　②ア（と）エ
③ア（と）ウ
(2)ウ

ポイント

1 (1) ふりこの長さは，支点からおもりの中心までの長さになります。

2 (1) ①はふりこの長さとふれはばが同じで，おもりの重さだけがちがうもの，②はふりこの長さとおもりの重さが同じで，ふれはばだけがちがうもの，③はおもりの重さとふれはばが同じで，ふりこの長さだけがちがうものをさがします。

ふりこ ふりこ

本さつ56ページ

1 ①○　②×　③×　④×　⑤○

2 (1) 2秒　(2) おもりの重さ，ふれはば

(3) (ふりこの長さが) 短いとき。

ポイント

1 ②ふりこが 1 往復する時間は，10 往復する時間 3 回の平均をとり，それを 10 でわればより正確に調べることができます。

2 (1) ふりこが 10 往復する時間の平均は，(20 + 18 + 22) ÷ 3 = 20(秒)より，1 往復する時間は，20 ÷ 10 = 2(秒)。

ふりこのまとめ

本さつ57ページ

1 (1)ウ　(2)①あ…オ　い…ア　②イ (と) ウ

ポイント

1 (1) アではかる時間（ふりこが 1 往復する時間）やイではかる時間（ふりこが一方のはしからもう一方のはしまでふれる時間）はとても短く，正確な時間と大きなずれが生じます。

(2) ふりこの長さが長いほど 1 往復する時間は長くなり，ふりこの長さが同じならば 1 往復する時間は同じになります。

人のたんじょう 人のたんじょう①

本さつ58ページ

覚えよう ①女性　②男性　③精子　④受精卵

⑤子宮　⑥心ぞう　⑦あし　⑧38

ことばのかくにん ⑨受精　⑩受精卵

ポイント

女性の体内でつくられた卵は，男性の体内でつくられた精子と結びつくと，受精卵になります。受精卵は，母親の子宮の中で成長し，少しずつ人のからだができていき，受精後およそ 38 週で，母親の体内からたんじょうします。

56 人のたんじょう 人のたんじょう①

本さつ59ページ

1 (1)ア…精子　イ…卵〔卵子〕

(2)ア…男性　イ…女性　(3)受精卵

2 (1)子宮　(2)ウ (→) イ (→) ア　(3)イ

ポイント

1 (1) 精子は卵よりも小さく，長いおのようなものをもっていて，これを使って卵のところまでおよいでいきます。

2 (1) 受精卵は，母親の体内の子宮とよばれるふくろのような物の中で成長します。

人のたんじょう 人のたんじょう②

本さつ60ページ

覚えよう ①たいばん　②へそのお　③羊水

④たい児　⑤へそのお　⑥たいばん

⑦うかんでいる〔ういた〕

ことばのかくにん ⑧たいばん　⑨へそのお

⑩羊水

ポイント

へそのおは，母親の子宮のかべにあるたいばんとつながっています。子どもは，へそのおを通して，母親から養分などを受けとり，いらなくなった物を母親にわたしています。

人のたんじょう 人のたんじょう②

本さつ61ページ

1 (1)ウ　(2)エ　(3)イ　(4)ア

2 (1)ア…たいばん　イ…へそのお　ウ…羊水

エ…子宮

(2)イ　(3)ウ

ポイント

1 子ども が育つ子宮の中は，羊水で満たされていて，子どもは，羊水の中にうかんでいて，自由に手やあしを動かせます。

2 (2) 子どもと母親は，へそのおでつながっています。
(3) 子どもは，羊水でとり囲まれているため，外部からの力を直接受けません。

59 人のたんじょうのまとめ

▶▶▶ 本さつ62ページ

1 ①○　②×　③○

2 (1)①イ　②ウ　③ア　④エ
(2)右の図
(3)養分

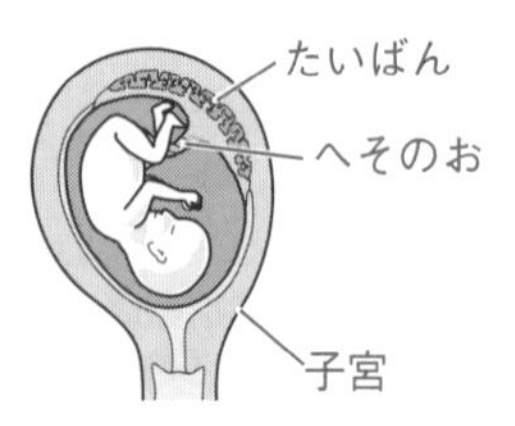

ポイント

1 ①②受精が行われないと，卵は成長しません。ふつう，受精からおよそ 38 週たつと，子どもは母親の体内からたんじょうします。

2 (2) 子どもと母親をつないでいる長い管が，へそのおです。へそのおとつながった子宮のかべに，たいばんがあります。

60 人のたんじょうのまとめ クロスワードクイズ

▶▶▶ 本さつ63ページ

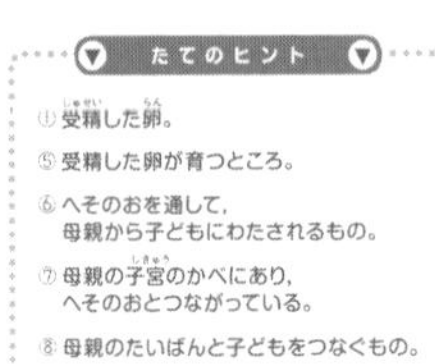

たてのヒント
①受精した卵。
⑤受精した卵が育つところ。
⑥へそのおを通して，母親から子どもにわたされるもの。
⑦母親の子宮のかべにあり，へそのおとつながっている。
⑧母親のたいばんと子どもをつなぐもの。

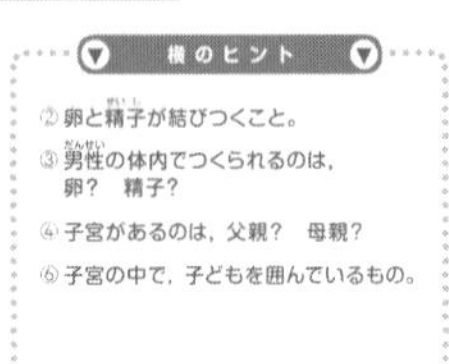

横のヒント
②卵と精子が結びつくこと。
③男性の体内でつくられるのは，卵？　精子？
④子宮があるのは，父親？　母親？
⑥子宮の中で，子どもを囲んでいるもの。

61 物のとけ方 物が水にとけるとき

▶▶▶ 本さつ64ページ

覚えよう ①すき通って　②均一

考えよう ③変わらない〔同じ〕　④食塩

ことばのかくにん ⑤水よう液

ポイント

「すき通っている」「物が均一に広がってる」「時間がたっても，とけた物が水と分かれない」という条件を満たすと「水にとけた」といえます。

62 物のとけ方 物が水にとけるとき

▶▶▶ 本さつ65ページ

1 (1)水よう液　(2)①○　②×　③×　④○
(3)ウ　(4)ウ

ポイント

(2)② 色がついていても，すき通っていれば，水にとけているといえます。
(3) 時間がたっても，コーヒーシュガーは液全体に均一に広がったままです。
(4) 物は，水にとけても，重さはなくなりません。

63 物のとけ方 物が水にとけるとき

▶▶▶ 本さつ66ページ

1 (1)水平なところ
(2)(例) 食塩をのせていた薬包紙も電子てんびんにのせる。
(3)イ

2 (1)53g　(2)55g　(3)60g　(4)65g

ポイント

1 (2) B のままでは，薬包紙の分だけ，A よりも軽くなってしまいます。
(3) 物をとかす前の全体の重さ＝物をとかした後の全体の重さ

2 水の重さ＋食塩の重さ＝食塩水の重さ
(1) 50 + 3 = 53(g)
(2) 50 + 5 = 55(g)
(3) 50 + 10 = 60(g)
(4) 50 + 15 = 65(g)

64 物のとけ方　物が水にとける量①

理 解

本さつ67ページ

覚えよう　①水平　②下　③真横　④スポイト

考えよう　⑤ある　⑥ある　⑦ふえ　⑧2倍

ポイント

液面(えきめん)のへこんだ下の面を，真横から見て，はかりとりたい目もりまで液を入れます。
水の量を2倍，3倍とふやすと，水にとける物の量も2倍，3倍となります。

65 物のとけ方　物が水にとける量①

練 習

本さつ68ページ

1　①×　②○　③○

2　(1)水平なところ　(2)84mL
(3)①少なめ　②真横　③スポイト

ポイント

1　①固体はとける量に限(かぎ)りがあります。
2　(3)目もりよりも多く液を入れ，スポイトではかりとる目もりに合わせようとしても，スポイトの先が液の中に入っているので，正しくはかりとることができません。

66 物のとけ方　物が水にとける量①

練 習

本さつ69ページ

1　(1)水の温度
(2)A…食塩　B…ミョウバン　(3)24はい

2　(1)(およそ)10g　(2)イ

ポイント

1　(2)20℃の水では，同じ体積の水に食塩の方がミョウバンよりたくさんとけます。
2　(1)28 － 18 ＝ 10(g)
(2)50mLの水におよそ18gの食塩をとかすことができるので，100mLの水には，およそ，18 × 2 ＝ 36(g)の食塩がとけます。

67 物のとけ方　物が水にとける量②

理 解

本さつ70ページ

考えよう　①量　②食塩　③ミョウバン　④物

ポイント

水の温度を上げると，多くの固体はとける量がふえますが，食塩のようにとける量があまり変わらない物もあります。

68 物のとけ方　物が水にとける量②

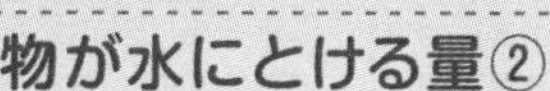

理 解

本さつ71ページ

1　(1)水の量
(2)A…食塩　B…ミョウバン

2　(1)食塩…1ぱい分　ミョウバン…3ばい分
(2)食塩…とけ残ったまま。〔変わらない。〕
ミョウバン…すべてとける。

ポイント

1　(2)水の温度を上げてもとける量があまり変わらないAが食塩，とける量がふえるBがミョウバンです。
2　(1)食塩…7 － 6 ＝ 1(ぱい)
ミョウバン…7 － 4 ＝ 3(ばい)
(2)60℃にすると，ミョウバンは11ぱいとけますが，食塩は6ぱいのままです。

69 物のとけ方　とかした物をとり出す①

理 解

本さつ72ページ

覚えよう　①半分　②ろうと　③水　④ガラスぼう　⑤長い

考えよう　⑥ろ紙　⑦出てくる

ポイント

ろ過(か)するときは，ガラスぼうを伝わらせて，液を少しずつろうとに注ぎます。また，ろうとの先の長い方をビーカーの内側につけ，液がビーカーを伝わって流れるようにします。
ろ過してミョウバンのつぶを液から分けても，ろ過した液にはミョウバンがとけています。

物のとけ方

70 とかした物をとり出す①

本さつ73ページ

1 (1)ろ過 (2)ウ

2 (1)ミョウバン

(2)(例)白いつぶが出てくる。

(3)ミョウバンの水よう液

(4)出てこない。

ポイント

1 (2)ろ過するときは，ガラスぼうを伝わらせて液をろうとに入れます。ろうとの先の長い方をビーカーの内側につけます。

2 (2)(3)ろ過した液にはミョウバンがふくまれているため，氷水で冷やすと，とけきれなくなったミョウバンが出てきます。残った液にもミョウバンがとけています。

物のとけ方

71 とかした物をとり出す②

本さつ74ページ

考えよう ①保護めがね ②ピペット ③前 ④白 ⑤よく ⑥当たる ⑦じょう発 ⑧食塩

ポイント

ピペットを使うと，液体をはかりとることができます。じょう発皿に食塩水を入れ，実験用ガスコンロで熱したり，しぜんにじょう発させたりすると，水だけがじょう発し，とけきれなくなった食塩が白いつぶになって出てきます。

物のとけ方

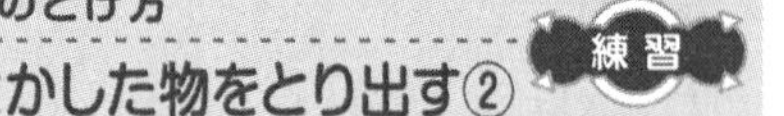

72 とかした物をとり出す②

練習

本さつ75ページ

1 (1)イ (2)水 (3)イ

2 (1)ア (2)あ

ポイント

1 (1)とけ残りのあるミョウバンの水よう液には，ミョウバンが限度までとけているので，ミョウバンのつぶがたくさん出てきます。
(2)熱すると，水が水じょう気となってじょう発し，あとにミョウバンが残ります。

2 (1)水の温度が高いほど，水が早くじょう発します。

73 物のとけ方のまとめ

本さつ76ページ

1 (1)54g (2)204g
(3)食塩…0g ミョウバン…24g

2 ア，イ

ポイント

1 (1)水の量が3倍になると，とける量も3倍になるので，$18 \times 3 = 54(g)$
(2)食塩水の重さは，$150 + 54 = 204(g)$
(3)60℃のときにとける量から，10℃のときにとける量を引けば，求められます。よって，食塩 $18 - 18 = 0(g)$，ミョウバン $28 - 4 = 24(g)$。

2 食塩は，水よう液の温度が変わってもとける量がほとんど変わらないので，食塩水を冷やしても食塩のつぶはほとんど出てきません。

物のとけ方のまとめ

74 どのくだものがとれるかな？

本さつ77ページ

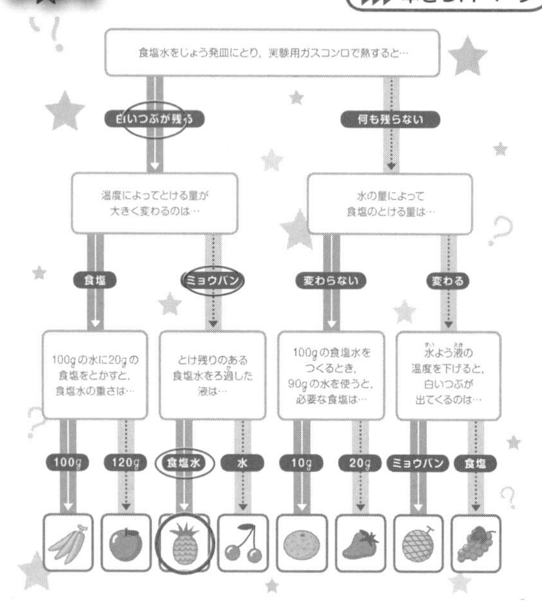

電磁石のはたらき

75 電磁石の性質

▶▶▶本さつ78ページ

考えよう ①電流 ②S極 ③N ④S ⑤S ⑥N ⑦S ⑧N ⑨N ⑩S ⑪反対(逆)

ことばのかくにん ⑫コイル ⑬電磁石

ポイント

コイルの中に鉄しんを入れた物を電磁石といい，電流が流れているときだけ，磁石の性質を示します。
ちがう極は引き合い，同じ極はしりぞけ合うので，方位磁針のN極が引きつけられるのがS極，S極が引きつけられるのがN極になります。

電磁石のはたらき

76 電磁石の性質

▶▶▶本さつ79ページ

1 (1)コイル (2)ア

2 (1)ア (2)あ…S極 い…N極 (3)あ…N極 い…S極

ポイント

1 (2)コイルに電流が流れていないときは，電磁石は磁石の性質を示さないので，鉄を引きつけません。

2 (2)鉄しんの「あ」に方位磁針のN極が引きつけられているので，「あ」の部分はS極になっています。
(3)回路を流れる電流の向きを反対にすると，電磁石の極も反対になります。

電磁石のはたらき

77 電流計の使い方

▶▶▶本さつ80ページ

覚えよう ①－ ②＋ ③0.5 ④0.05 ⑤直列 ⑥＋ ⑦5 ⑧500 ⑨50 ⑩－

ことばのかくにん ⑪アンペア

ポイント

電流計の－たんしには，5A・500mA・50mAの3つがあり，導線につなぐときは，はりがふりきれないように，まず5Aの－たんしにつなぎ，はりのふれが小さいときには500mAの－たんしにつなぎかえ，まだはりのふれが小さいときは50mAの－たんしにつなぎかえます。

電磁石のはたらき

78 電流計の使い方

▶▶▶本さつ81ページ

1 (1)い (2)直列 (3)ア (4)5A

2 ①3.5A ②0.35A ③0.035A

ポイント

1 (3)かん電池の＋極側につながっている導線を電流計の＋たんしに，－極側につながっている導線を－たんしにつなぎます。
(4)はりがふりきれないように，5Aの－たんしから順につないでいきます。

2 ①目もりの右はしが5Aになります。
②目もりの右はしが500mAになります。
③目もりの右はしが50mAになります。
②③では「A」で答えることに注意しましょう。

電磁石のはたらき

79 電磁石の強さ①

▶▶▶本さつ82ページ

考えよう ①同じ ②直列 ③多く ④大きく ⑤強く

ポイント

この実験では，電流の大きさと電磁石の強さの関係を調べるので，コイルのまき数や導線の長さや太さを同じにします。
かん電池2個を直列につなぐと，かん電池1個のときより大きい電流が流れます。電流が大きくなると，電磁石が強くなるため，引きつけられる虫ピンの数が多くなります。

電磁石のはたらき

80 電磁石の強さ①

▶▶▶本さつ83ページ

1 (1)同じにする。 (2)い (3)ウ (4)う

ポイント

1 (2)かん電池2個をへい列につないでも，コイルに流れる電流の大きさは，かん電池1個のときと同じです。
(3)コイルに流れる電流が大きいほど電磁石が強くなり，たくさんの虫ピンが引きつけられます。電流の大きさが同じときは，同じぐらいの数の虫ピンが引きつけられます。
(4)かん電池のへい列つなぎでは，かん電池を1個外しても残ったかん電池がつながっているので，コイルに電流が流れます。

電磁石のはたらき
電磁石の強さ②

▶▶▶ 本さつ84ページ

★考えよう★ ①同じ　②多い　③多い　④強く　⑤大きく　⑥多く

ポイント

コイルに流れる電流が同じ大きさであれば，コイルのまき数が多いほど電磁石が強くなるため，コイルのまき数が多いほど，たくさんの虫ピンが引きつけられます。

電磁石のはたらき
電磁石の強さ②

▶▶▶ 本さつ85ページ

1 (1)あ（と）う　(2)い（→）あ（→）う

2 ①○　②○　③×　④×

ポイント

1 (1)電流の大きさが同じで，コイルのまき数だけがちがうものをさがします。
(2)「あ」と「い」はまき数が同じで，コイルを流れる電流は「い」の方が大きいので，「い」の方がたくさんの虫ピンが引きつけられます。「あ」と「う」はコイルを流れる電流は同じ大きさで，「あ」の方がまき数が多いので，「あ」の方がたくさんの虫ピンが引きつけられます。

2 ③コイルにまく導線が太いほど，電流が大きくなり，電磁石は強くなります。
④コイルの中にガラスぼうを入れても，ガラスぼうは磁石の性質をもちません。

電磁石のはたらき
電磁石の利用

▶▶▶ 本さつ86ページ

★考えよう★ ①磁石　②極　③強く　④速く　⑤大きく　⑥はなす　⑦電磁石　⑧モーター　⑨モーター

ポイント

モーターには，電磁石のまわりに2つの磁石があり，電磁石と磁石の間に引き合う力やしりぞけ合う力がはたらいて，モーターのじくが回転します。流れる電流が大きいほど，電磁石が強くなるため，モーターは速く回ります。

電磁石のはたらき
電磁石の利用

▶▶▶ 本さつ87ページ

1 (1)S極　(2)イ

2 (1)鉄　(2)(電流の大きさを)大きくする。
(3)（例）電流を流すのをやめる。

ポイント

1 (1)電磁石の「あ」の部分は，磁石のN極に近づいているので，S極です。モーターの中の電磁石が半周するたびに電流の流れる向きが変わるしくみになっていて，モーターが回り続けます。

2 (1)電磁石は，アルミニウムなどは引きつけません。
(2)電流を大きくすると，電磁石が強くなり，重い物を引きつけることができるようになります。
(3)電流が流れないと，電磁石は鉄を引きつける性質をなくします。

電磁石のはたらきのまとめ

▶▶▶ 本さつ88ページ

1 (1)N極　(2)ア　(3)直列　(4)0.45A

2 イ

ポイント

1 (1)「あ」の部分には方位磁針のS極が引きつけられているので，N極です。
(2)電磁石の右はしはS極になっているので，方位磁針のN極が引きつけられます。
(4)500mAの－たんしにつないでいるので，450mA＝0.45Aになります。

2 電磁石の強さは，電流が大きいほど，またコイルのまき数が多いほど大きくなります。アはイやウよりもコイルのまき数が少なく，ウはアやイよりも電流が小さくなっています。